Anatoliy Pavlovich Sadchikov

Ekologia roślinności przybrzeżnej

Anatoliy Pavlovich Sadchikov

Ekologia roślinności przybrzeżnej

Podręcznik dla studentów uczelni wyższych

Wydawnictwo Bezkresy Wiedzy

Imprint
Any brand names and product names mentioned in this book are subject to trademark, brand or patent protection and are trademarks or registered trademarks of their respective holders. The use of brand names, product names, common names, trade names, product descriptions etc. even without a particular marking in this work is in no way to be construed to mean that such names may be regarded as unrestricted in respect of trademark and brand protection legislation and could thus be used by anyone.

Cover image: www.ingimage.com

Publisher:
Wydawnictwo Bezkresy Wiedzy
is a trademark of
International Book Market Service Ltd., member of OmniScriptum Publishing Group
17 Meldrum Street, Beau Bassin 71504, Mauritius

Printed at: see last page
ISBN: 978-620-2-44827-7

Ekologia roślinności przybrzeżnej

Ta edycja jest kursem wykładowym przygotowanym dla studentów specjalności biologicznych. W nim z pozycji ekologicznych i hydrobiologicznych rozważane są kwestie klasyfikacji i opisu roślinności wód przybrzeżnych w zbiornikach, metody zbierania, mapowania, definiowania biomasy i produkcji roślin. Pod uwagę brana jest troficzna i ekologiczna rola roślin w systemie biocenoz wodnych. Szczególną uwagę zwraca się na rolę roślinności wód przybrzeżnych w samoczyszczeniu akwenów, ocenie stopnia zanieczyszczenia wód przez rośliny wskaźnikowe, ochronie i racjonalnym wykorzystaniu roślinności wód przybrzeżnych, ich uprawie, odnawianiu itp. Opisano sposoby uprawy akwariów i ozdobnych roślin wodnych.

Książka przeznaczona jest dla studentów hydrobiologii, studentów innych specjalności biologicznych i środowiskowych, nauczycieli akademickich, nauczycieli i młodzieży szkolnej, specjalistów pracujących w dziedzinie ekologii i ochrony środowiska, nauki o krajobrazie dekoracyjnym.

PROSZĘ ZAUWAŻYĆ

WPROWADZENIE

Roślinność wodna jest ważnym składnikiem ekosystemów wodnych. W gąszczach roślinności wodnej wiele gatunków ryb marzy o kawiorze: leszcz, karp, okoń, szczupak, karaś, jajo, płoć, płoć, lin, itp. Istnieje również żywienie młodych i dorosłych ryb, które żywią się pierwotniakami, rakami, robakami, mięczakami, larwami owadów i oczywiście samymi roślinami. Narybek rybny znajduje się w gąszczu ukrytym przed drapieżnikami i niekorzystnym oddziaływaniu na środowisko. Pewna liczba owadów wykorzystuje zanurzone zarośla roślinne do składania na nich jaj i karmienia larw.

Rośliny wodne (zwane również makrofitami) regulują ilość tlenu w wodzie, stężenie dwutlenku węgla, wpływają na skład mineralny wody, kwasowość itp. Korzystne warunki temperaturowe i reżim gazowy tworzą się w gąszczach roślin, które sprzyjają rozmnażaniu i intensywnemu wzrostowi zwierząt. W strefie wzrostu roślin zanurzonych procesy fizyczne i chemiczne są bardziej dynamiczne niż na terenach otwartych. Ułatwiają to nie tylko same rośliny, ale także ich wzrost (peryfiton), a także bakterie, plankton i organizmy denne, które żyją w gąszczach. Różnorodność gatunkowa zwierząt i roślin w zaroślach makrofitów jest znacznie większa niż w otwartej części zbiornika.

Umiarkowane zarastanie zbiorników wodnych stwarza korzystne warunki dla rozwoju fitofilskiej fauny planktonu i organizmów dennych. Bogate w pozostałości roślinne osady denne stanowią środowisko odżywcze dla żyjących tam organizmów. Spożerają one materię organiczną i tym samym biorą udział w oczyszczaniu zbiorników wodnych. One same stanowią podstawę żywienia większości ryb i ptaków wodnych.

Masa organizmów żywych w zaroślach jest wielokrotnie większa niż w otwartej części zbiornika. Bentos zbiorników składa się z larw owadów (chironomid i inne dwuskrzydłowe larwy, potoki, ważki, sny dzienne), oligoetów, mięczaków, skorupiaków itp. Małże, oligoety i żelazomidy są najbardziej rozwinięte w zaroślach. Służą one jako pokarm dla ryb, ptactwa wodnego, norek, wydr, głuszców, żyjących na brzegach zbiorników wodnych. Oligoety (robaki) znajdują się w błotnistych glebach stojących stawów i skażonych wodach, zwłaszcza jeśli do stawu trafiają spływy z gospodarstw hodowlanych.

Małże są istotnym składnikiem biocenozy. Mięczaki-żołądki są drugim, po owadach, najbardziej zróżnicowanym i ważnym składnikiem słodkowodnego makrobentosu. Większość gatunków żyje w zaroślach roślin wodnych. Jedzą głównie pokarmy roślinne; gryzą na zielonych i umierających tkankach roślinnych, zeskrobują obwodowe cząstki mułu lub połykają je. W gąszczach roślin znajdują się zwykłe stawy, kołowrotki, zamknięcia, klapki brzuszne, kubki, fizelki, batiniae, itp.

Jedną z dominujących grup bentosowych są chironomidy, larwy komarów. Oni są bardziej znani jako ćma. Chironomidy odgrywają ważną rolę w oczyszczaniu zbiorników wodnych. Specjaliści obliczyli, że z 1 ha powierzchni zbiorników wodnych, czyli 4 kg surowej masy owadów, wylatuje do 20 milionów tych owadów.

W zatopionych zaroślach roślinnych zarejestrowano dużą liczbę gatunków skorupiaków fitofilskich. Liczba poszczególnych gatunków raków sięga 20-40 tys. na jednym kilogramie roślin.

Roślinność wodna pełni jeszcze jedną ważną funkcję, chroniącą zbiornik wodny przed zanieczyszczeniem. Wraz ze spływem powierzchniowym do stawu przedostaje się duża ilość substancji organicznych i mineralnych, metali ciężkich, detergentów i zanieczyszczeń olejowych. Grube zarośla wody i roślin przybrzeżnych są rodzajem filtra, mechanicznie zatrzymującego zawiesiny mineralne i organiczne, koloidy. Zawieszenie jest ułatwione przez powolny przepływ w gąszczu i śluzu na powierzchni zanurzonych roślin.

Roślinność wodna jest w stanie wchłonąć i wykorzystać wiele substancji organicznych i mineralnych w procesie przemiany materii, w tym nawozy i detergenty. W strefie gąszczu zdolność mineralizacyjna organizmów jest znacznie wyższa niż w otwartej części zbiornika. Wynika to z faktu, że wiele roślin wodnych (w szczególności trzcina) posiada, oprócz gleby, korzenie wodne, które zużywają mineralną i rozpuszczoną substancję organiczną (DOE) bezpośrednio z wody. Całkowita powierzchnia takich korzeni trzciny jest 10-15 razy większa niż powierzchnia zajmowana przez rośliny. Rola tych korzeni w oczyszczaniu wody z zanieczyszczeń jest niezwykle ważna.

Rośliny wodne działają jak sorbent i absorbent, co przyspiesza oczyszczanie wody z trwałych zanieczyszczeń takich jak olej. Tak więc, w obecności roślin, zniszczenie oleju jest 3-5 razy szybsze niż bez nich. Rozkład oleju jest wynikiem wspólnej działalności mikroorganizmów żyjących na roślinach i samych roślinach wód przybrzeżnych. Wysoka zdolność do mineralizacji w gąszczach roślin wodnych wynika przede wszystkim ze specyficznych warunków fizycznych i chemicznych, które utrzymują wysokie tempo przepływu energii w biotopach.

Wysoka wydajność i zdolność oczyszczania roślin sugeruje potrzebę specjalnej uprawy w płytkich wodach. Jako obiecujące uprawy eksperci polecają kanadyjski ryż, kanaryjkę, bekmanię, elodeię, sutannę, trzcinę, rogosy i inne. Rośliny te są bardzo wydajne. Aby móc używać takich biofiltrów, muszą one być okresowo czyszczone. W przeciwnym razie, same rośliny, po wymarciu, spowodują dalsze zanieczyszczenie zbiorników wodnych.

Wszystko, co zostało powiedziane na temat pozytywnej roli roślin wodnych, jest realizowane tylko wtedy, gdy zajmują one nie więcej niż 20-30% powierzchni akwenu. W przeciwnym razie zaczyna się podtapianie wody, co ma negatywny wpływ na ich mieszkańców, a zwłaszcza na ryby.

W walce z zarastaniem zbiorników wodnych trzciną, rogiem, trzciną, ukąszeniem wiosennym stosuje się, gdy rośliny mogą być wykorzystane do karmienia zwierząt. Jako biologiczne metody zwalczania roślin stosowane są ryby żywiące się roślinami, w szczególności biały amorek. Jest to dość żarłoczna ryba, która jedząc miękką roślinność wodną, swoją codzienną dietą osiąga 150% masy ciała.

Przetwarzając roślinność, ryby fitofagowe nie tylko skutecznie przekształcają produkty roślinne w ryby, ale także karmią inne organizmy odpadami z ich działalności życiowej. Fitofagowe odchody ryb są pokarmem dla wielu bezkręgowców bentosowych, głównie ćmy - cennym pokarmem dla wielu gatunków ryb i ptaków.

W ostatnich latach wiele zbiorników wodnych zaczyna intensywnie zarastać. Stawy bagienne wpływają przede wszystkim na reżim gazowy, następuje wyczerpywanie się słupa wody z tlenem i odwrotnie, są szkodliwe dla organizmów metan i siarkowodór. Liczba gatunków organizmów w zaroślach roślin gwałtownie się zmniejsza. Woda staje się stopniowo coraz bardziej kwaśna, z niewielką ilością gatunków roślin i zwierząt.

Tego wszystkiego można uniknąć, jeśli zgromadzona roślinność zostanie z czasem usunięta, zwłaszcza, że może być wykorzystana na paszę dla zwierząt i inne potrzeby. W wielu krajach roślinność wodna jest specjalnie uprawiana do tego celu. Pod względem zawartości składników odżywczych rośliny wodne są tak samo dobre jak rośliny pastewne. Należy jednak pamiętać, że po okresie kwitnienia łodygi roślin są grubsze, a ich wartość pokarmowa gwałtownie spada.

Uprawa roślinności wód przybrzeżnych zwiększa zasoby paszowe w łowiectwie i gospodarstwach rybnych, wzmacnia brzegi i zapobiega ich erozji. Metody agrotechniczne związane z uprawą roślin wodnych nie są generalnie trudne. Większość gatunków roślin to byliny, które można sadzić z kłączami lub całymi trawnikami. Rośliny bez systemu korzeniowego lub z niedostatecznie rozwiniętymi korzeniami (łasica, teloreza, rogacz) są przesadzane w całości lub w części.

W przypadku gatunków hodowanych na nasiona, zaleca się równomierne rozprowadzenie świeżo zebranych nasion na powierzchni wody. Nasiona wielu roślin unoszą się na powierzchni wody, dlatego są wstępnie zwinięte w bryły gliny i rozproszone na wybrzeżu.

Takie racjonalne wykorzystanie zasobów roślinnych zbiorników pozwala na utrzymanie ich biomasy na poziomie, na którym przynoszą one maksymalne korzyści zbiornikowi i jego mieszkańcom.

* * *

Praca ta odnosi się w dużej mierze do hydrobiologicznych aspektów hydrobotaniki, która niewątpliwie jest tylko częścią złożonego obszaru wiedzy o roślinności wód przybrzeżnych i jej związku z biotycznymi i abiotycznymi komponentami środowiska. Mamy jednak nadzieję, że podręcznik ten okaże się przydatny dla uczniów, ponieważ wiele takich publikacji nie jest powszechnie dostępnych.

HISTORIA WODNA

Zainteresowanie badaniem roślinności wód przybrzeżnych pojawiło się w Europie już w XVIII wieku w związku z rozwojem hodowli ryb i zanieczyszczeniem akwenów wodnych, ale systematyczne badania rozpoczęły się dopiero w drugiej połowie XIX wieku. W Rosji badanie flory i fauny akwenów wodnych było związane z organizacją szeregu stacji hydrobiologicznych w kraju. Cel jest ten sam - opracowanie metod i sposobów efektywnego wykorzystania zasobów naturalnych zbiorników.

Na początku XX wieku opublikowano już liczne opracowania na temat roślinności przybrzeżnej i wodnej. Opublikowano definicje roślin wodnych niektórych regionów kraju: obwód rostowski (S.A.Grigoriew, 1903), jeziora Uralskie (E.I.Gpolitow, 1910) środkowej strefy Rosji (B.A.Fedczenko, 1913) i inne. Szereg prac dotyczących biologicznych i ekologicznych cech roślin w jeziorach i rzekach (N.F.Zołotnicki, 1890; G.I.Tanfiliew, 1890; L.N.Kropachew, 1901; A.F.Flerow, 1908).

Od lat dwudziestych XX wieku rozpoczęto badania procesów biologicznych w zbiornikach wodnych w celu zajęcia się zagadnieniami związanymi z rybołówstwem, zaopatrzeniem w wodę i oczyszczaniem ścieków. Dużo uwagi poświęcono zagadnieniom klasyfikacji i ekologii roślinności przybrzeżnej i wodnej (S.P.Arzhanov, 1920). Wzrosła liczba prac nad wegetacją wód przybrzeżnych różnych regionów Rosji: oddzielne zbiorniki europejskiej części kraju (J.D.A. Nikicki, 1925), jeziora terytorium Ałtajskiego (A.D.A.).A.Vereshchagin, 1925), Konchezerskaya grupa jezior Karelia (G.K.Lepilova, 1930), Don i Wołga rozlewiska (A.D.Fursayev, 1933), opis gładkiej roślinności, ujścia rzek i wybrzeża morskiego (I.K.Pachosky, 1927). Jednocześnie publikowane są definicje roślin wód przybrzeżnych (B.A.Fedczenko, 1928, 1949; W.N.Czernow, 1949 itd.). Równolegle systematyzuje się metody badania roślinności wód przybrzeżnych i opracowuje klasyfikację zbiorowisk (G.K.Lepilova, 1934; L.G.Ramensky, 1938; W.M.Katanskaya, 1956; N.S.Kamyshev, 1961, 1962; I.M.Raspopov, 1968; A.P.Belavskaya, 1977).

Szereg prac opublikowanych w latach 50. XX wieku dotyczy rozwiązania problemów wynikających z powstawania dużych zbiorników wodnych, w szczególności ich zarastania przez roślinność wodną. Badania te zapoczątkowały nowy kierunek we współczesnej hydro-botanice (S.A.Zerov, 1949, 1976;

W.K.Bogachev, 1950, 1952; T.N.Kutova, 1957; I.L.Korelyakova, A.P.Belavskaya, 1958, 1966, 1969; A.A.Potapov, 1960; Exertsev, 1966, itd.)

Od lat 50. ubiegłego wieku wiele uwagi poświęcono badaniom nad produktywnością roślinności wód przybrzeżnych (N.P.Woronikhin, 1953; W.M.Katańska, 1954, 1960; T.T.Taubaev, 1958, 1959, 1963; I.V.Dovbnya, 1978, 1979; i inne). Badana jest wartość pokarmowa roślin wód przybrzeżnych (M.P.Rozanov, 1954; E.T.Habibullin, 1974). Powstało zainteresowanie badaniem wpływu roślinności wód przybrzeżnych na produktywność ryb w zbiornikach wodnych, ponieważ zarośnięte rośliny są tarliskiem i siedliskiem młodych i dorosłych ryb (B.V.Verigin, 1961).

Badana jest możliwość wykorzystania roślin wodnych jako paszy dla zwierząt hodowlanych. Rozważane są kwestie rozmieszczenia roślin, warunków ich wzrostu, wartości pokarmowej, sposobów przygotowania, przechowywania, uprawy (L.P.Musket, 1960; W.K.Paszkiewicz, B.S.Judin, 1978). Badana jest rola i znaczenie roślinności przybrzeżnej i wodnej dla celów łowieckich. Szereg artykułów omawia potrzebę stworzenia sztucznych zbiorowisk roślinnych, które powinny służyć jako naturalna baza pokarmowa dla dzikich zwierząt i ptaków, miejsce gniazd i schronienia (A.M.Barseghyan, 1961; T.T.Taubayev, 1963; A.P.Nechayev, V.M.Sapayev, 1973; V.K.Pashkevich, B.S.Yudin, 1978).

Powstał kolejny obszar hydro-botaniki, związany z wykorzystaniem roślinności wód przybrzeżnych jako filtra biologicznego do oczyszczania zanieczyszczonych wód. Wynika to z niewystarczającej wydajności istniejącej w tym czasie oczyszczalni ścieków i jej wysokich kosztów. Szereg prac (K.A.Kokin, 1961, 1962, 1963; P.G.Krotkiewicz, 1970, 1976; S.V.Komissarov, T.N.Sai, 1972) wskazuje na możliwość wykorzystania roślinności wód przybrzeżnych w oczyszczaniu zbiorników wodnych z zawiesin organicznych i mineralnych. W ich gąszczach znaczna część zawiesin, które dostają się do zbiorników wodnych z różnymi spływami, jest wychwytywana i niszczona. Odnotowano znaczącą rolę roślinności wód przybrzeżnych w oczyszczaniu wody z szeregu biogennych makro- i mikro związków: fosforanów, azotanów, siarczanów, kwasów organicznych (K.A.Kokin, 1962; N.K.Dexbach, 1965; A.I.Kordakov, 1971; A.I.Merezhko, 1977; K.K.Vrochinsky, 1977).

Badano również możliwość wykorzystania niektórych gatunków roślin do usuwania metali ciężkich i pierwiastków promieniotwórczych ze ścieków przemysłowych (A.I.Kordakov, 1971). Wykazano, że roślinność wodna bierze aktywny udział w detoksykacji wielu niebezpiecznych zanieczyszczeń, takich jak fenole, produkty naftowe, pestycydy, środki powierzchniowo czynne (G.M.Petrov, 1969; W.N.Nikolaev, 1977; N.V.Morozov, 1977, 2001). W związku z tym uprawa roślin wodnych do oczyszczania ścieków domowych i przemysłowych wraz z ich późniejszym usuwaniem jest uznana za racjonalną (A.W.Francew, 1961 r.).

Konkurencja o elementy biogeniczne i antagonizm roślinności wód przybrzeżnych z glonami jest uznawana za skuteczny sposób kontroli zakwitania zbiorników wodnych (A.W.Francew, 1961). Ponadto, roślinność przybrzeżna i wodna również zmniejsza skażenie bakteryjne zbiorników wodnych (K.A.Guseva, 1959).

Mycie nawozów mineralnych z gruntów rolnych do zbiorników wodnych oraz dopływ ścieków domowych i przemysłowych przyczynia się do intensywnego rozwoju roślinności przybrzeżnej i wodnej. Prowadzi to do wtórnego zanieczyszczenia wody przez gnijące pozostałości roślinne i eutrofizację zbiorników wodnych (I.L.Korelyakova, 1958; A.A.Potapov, 1961).

Krótki przegląd prac pokazuje, że roślinność wód przybrzeżnych jest ważnym ogniwem w biocenozie wód słodkich; rośliny przyczyniają się do obiegu substancji i przepływu energii oraz tworzą specjalne środowisko dla mieszkańców zbiorników wodnych.

KLUCZOWE POJĘCIA DOTYCZĄCE KLASYFIKACJI ROŚLINNOŚCI PRZYBRZEŻNEJ

Badania roślinności przybrzeżnej i wodnej pozwoliły na wyodrębnienie "hydrobotaniki" jako samodzielnego działu nauki botanicznej, który znajduje się na styku geobotaniki, hydrobiologii i ekologii roślin.

Według I.M.Raspopova (1963 r.) hydrobotania jest częścią botaniki badającą ekologię, fitocenologię, geografię roślin wodnych. T.G.Popova (1965), przeciwnie, uważa, że hydrobotanika narodziła się w głębi hydrobiologii, a następnie rozwinęła się w niezależną sekcję botaniki, która ma swój własny przedmiot, historię, metody i cele badawcze. K.A.Kokin (1982) jest zdania, że hydrobotanika jest ekologią roślin wodnych na bazie fizjologicznej. W. G. Papczenkow i współautorzy (2003) wyróżniają hydrobotanię jako samodzielną sekcję biologii, uznając ją za "naukę o roślinach wodnych i procesach zarastania zbiorników i dróg wodnych", A. I. Kujmiczow (1992, 2000) uważa, że hydrobotanika jest konglomeratem kilku słabo powiązanych ze sobą dyscyplin i kierunków, połączonych jedynie przedmiotem badań - roślinami wód przybrzeżnych.

Nie ma również zgody wśród naukowców co do terminologii przedmiotu badań. Wzrost liczby publikacji doprowadził do pojawienia się nowych terminów i pojęć dotyczących roślinności wodnej, a bardzo często występują różnice w ich interpretacji, co niekiedy utrudnia ich stosowanie. Różnorodność i niejednoznaczność interpretacji terminów i pojęć jest jednym z najpoważniejszych problemów hydrobotaniki, przed którym stoi ta młoda nauka (I.M.Raspopov, 1978; W.G.Papchenkov, 1985; A.P.Belavskaya, 1994; A.V.Shcherbakov, 1994; A.G.Lapirov, 2002).

Niektórzy autorzy (I.M.Raspopov, 1977, 1978, 1985) uważają, że obiektami badań hydrobotanicznych są wodne makrofity i tworzone przez nie grupy. Są to duże zielone rośliny widoczne dla oka, niezależnie od ich systematycznego położenia. Instalacja akcesoriów ogólnych (gatunkowych) nie wymaga urządzeń optycznych o dużym powiększeniu. Inni autorzy (A.P.Belavskaya, 1982) obejmują makrofity przedstawicieli niższych roślin - glonów harfowych i skupisk zielenic nitkowatych (*Cladophora, Spirogyra, Rhizoclonium*), mając na uwadze jedność metodologii badań. Głównym kryterium takiego stowarzyszenia jest jego zdolność do normalnego wzrostu i rozwoju w słupie wody i ziemi (V.G.Papchenkov, 1985).

K.A.Kokin (1982) uważa termin "makrofity" za nie do końca udany, ponieważ obejmuje on zarówno rośliny wyższe, jak i niższe i w rzeczywistości jest wymiarową cechą roślin. Niemniej jednak termin ten jest szeroko stosowany w hydrobiologii, limnologii, hydrobotanice przez zdecydowaną większość krajowych i zagranicznych specjalistów i wraz z innymi pojęciami i terminami ma prawo istnieć.

W literaturze brak jest jednolitej interpretacji pojęcia "obiekt badań - rośliny wodne". A.P.Belavskaya (1994) zauważa, że "niektórzy badacze w koncepcji "roślin wodnych" obejmują tylko rośliny zanurzone i z pływającymi liśćmi, inni - wszystkie gatunki zdolne do wzrostu w warunkach długotrwałego zalewu, a nawet nadmiernej wilgotności, trzeci - głównie biorą pod uwagę sam fakt przebywania tej grupy w środowisku wodnym.

I.M.Raspopov (1963) w terminie "rośliny wodne" obejmuje wszystkie rośliny rosnące w wodzie lub na podłożu pokrytym wodą i z reguły o strukturze dostosowanej do środowiska wodnego. F.Gessner (Gessner, 1955, 1959) zaklasyfikował jako "wodę" wszystkie gatunki roślin żyjące w zbiornikach wód słodkich, słonych i słonych oraz ich brzegach, niezależnie od systematycznego położenia. A.P.Belavskaya (1982) definiuje rośliny wodne jako anatomiczno-morfologicznie i fizjologicznie przystosowane do życia w wodzie, która jest dla nich optymalnym środowiskiem.

Istnieje również bardziej uproszczona interpretacja tego pojęcia: są to rośliny, dla których środowisko wodne lub podłoże pokryte wodą służy jako optymalne siedlisko (V.P.Papchenkov, A.V.Shcherbakov, A.G.Lapirov, 2003).

Trudności związane ze ścisłym rozdzieleniem roślin wodnych i lądowych, obecność wśród nich gatunków, które mogą występować w wodzie i na lądzie, doprowadziły do kolejnego problemu terminologicznego - konieczności rozdzielenia takich pojęć jak "rośliny lub flora zbiornika" i "rośliny wodne lub flora wodna". V.M.Katanskaya (1981) odnosi się do flory zbiorników wodnych "prawdziwe rośliny wodne - hydrofity, rośliny amfibijne - helofity, a te kochające wodę - higrofity, które żyją wśród zarośli helofitów w pasie przybrzeżnym zbiorników, na stopach, mokrych i podmokłych brzegach zbiorników lub w wodzie". Jej zdaniem tylko hydrofity, helofity i higrofity, które rozwijają się w wodzie, powinny być uznawane za florę wodną.

W. G. Papczenkow (1985) zauważa, że pojęcia "rośliny wodne" i "rośliny w zbiorniku wodnym" są dalekie od siebie. Pierwszy obejmuje tylko hydrofity i helofity, drugi obejmuje cały zestaw gatunków, które stale występują w środowisku wodnym. A.P.Belavskaya (1994) uważa wszystkie gatunki zamieszkujące staw, w tym higrofitów i mezofitów, za rośliny należące do zbiorników wodnych. Rośliny wodne o określonych cechach morfologicznych i biologicznych, wykształcone w trakcie swojego życia w środowisku wodnym, łączą się w grupy ekologiczne. Jest więc oczywiste, że badacze nadają dość szerokie znaczenie pojęciu "flora zbiornika" i "flora wodna".

W literaturze hydrobotanicznej obok terminów "rośliny wodne" i "makrofity" pojawiły się również inne terminy: "wyższe rośliny wodne", "wodne rośliny naczyniowe", "wodne rośliny kwiatowe", "wodne tracheofity", "aquaflora" itp. W ten czy inny sposób, wszystkie te terminy łączą rośliny, których istnienie jest związane ze środowiskiem wodnym.

W niniejszym podręczniku autor używa terminu "rośliny wód przybrzeżnych" (A.P.Sadchikov, M.A. Sadchikov.Kudryszow, 2002, 2004, 2005), który łączy wszystkie rośliny (z wyjątkiem drzew i krzewów) związane z akwenem i jego cechami, żyjące w słupie wody (rdsty, uruta, cornucopia) i na jego powierzchni (dzban, szaty, teloreza), a także rośliny przybrzeżne (trzcina, rogusz, turzyca, trzcina itp.).

Rośliny wód przybrzeżnych zajmują odrębną pozycję w świecie roślin ze względu na ich cechy morfologiczne, biologiczne i ekologiczne. Inhabitacja roślin w środowisku wodnym lub w strefach przybrzeżnych przyczyniła się do ich szczególnego charakteru. Wśród roślin wodnych występuje stosunkowo niewiele endemitów, co tłumaczy się wyrównującymi się warunkami fizycznymi i chemicznymi środowiska wodnego. Są to głównie rośliny podkładkowe o dużej amplitudzie ekologicznej. Mogą rosnąć w różnych warunkach: zarówno w wodach słodkich jak i słonych, bezpośrednio w środowisku wodnym oraz w postaci form naziemnych - w miejscach wilgotnych (S.G.Gigewicz, B.P.Własow, G.W.Wyniew, 2001).

Rośliny wód przybrzeżnych są głównie bylinami, wśród nich niewiele jest gatunków jednorocznych. Większość roślin wodnych kwitnie i wydaje owoce nad wodą. Rośliny wodne mają zwiększoną powierzchnię ciała w porównaniu z ich masą, co ułatwia wchłanianie minerałów, tlenu i innych gazów, które są znacznie mniej obecne w wodzie niż w powietrzu. Zwiększenie powierzchni ciała uzyskuje się poprzez rozwój długich, cienkich liści, rozdzielenie blaszki liściowej na obszary w kształcie nici, przebicie liści.

Rośliny wodne mają bardzo rozwiniętą różnorodność liści: podwodne, pływające i powietrzne liście tej samej rośliny różnią się od siebie wyglądem i strukturą wewnętrzną. Liście podwodne nie mają ujść, liście unoszące się na powierzchni wody mają ujścia tylko po stronie górnej, a liście powietrza po obu stronach.

Duże zagęszczenie środowiska wodnego powoduje słaby rozwój elementów mechanicznych w liściach i łodygach; niewiele elementów mechanicznych dostępnych w łodygach znajduje się bliżej środka, co daje im większą elastyczność. Rośliny wodne mają słabo rozwinięte lub nie mają żadnych naczyń w wiązkach wiodących, a jednocześnie dobrze rozwinięte aeronchymy i pustki powietrzne, które pozwalają im być w pozycji pionowej.

Rośliny wodne mają słabo rozwinięty system korzeniowy i nie mają włosków. Bardzo często powstają korzenie wodne, dzięki którym pobierają one składniki odżywcze bezpośrednio z wody. Ze względu na niski poziom światła, wiele roślin wodnych ma w komórkach naskórka chlorofil.

Większość roślin wodnych rozmnaża się wegetatywnie. Niektóre rośliny wodne (np. nadia, cornucopia) są zapylane pod wodą, inne mają kwiaty wznoszące się nad wodą, gdzie następuje zapylenie. Nasiona i owoce roślin wodnych przystosowane do okresowego suszenia zbiorników. Nasiona mogą pozostać w wodzie wystarczająco długo bez utraty zdolności kiełkowania.

Nie można przecenić znaczenia i roli przybrzeżnych roślin wodnych w ekosystemach wodnych. Jest to przede wszystkim źródło pożywienia i siedlisko wielu ryb, ptaków wodnych i lądowych oraz zwierząt. Instalacje wód przybrzeżnych są wykorzystywane jako surowce przemysłowe, pasza dla zwierząt hodowlanych i drobiu. Różnorodność gatunkowa bezkręgowców w zaroślach makrofitów jest znacznie większa niż w otwartej części wód, a liczebność i biomasa organizmów planktonicznych i bentosowych jest wysoka. Gąszcze przybrzeżne są silnym czynnikiem czyszczącym, który chroni zbiorniki wodne przed wieloma zanieczyszczeniami organicznymi i mineralnymi.

***

Rośliny wodne od dawna przyciągają uwagę badaczy. Tak więc uczeń i przyjaciel Arystotelesa Teofrastusa z Erecia (372-287 p.n.e.) podzielił rośliny swoim wyglądem na wodne, przybrzeżne, bagienne i amfibijne. Na początku XIX wieku, duński botanik i geograf I. Skouw (Schouw, 1823) po raz pierwszy użył terminu "hydrofity" do określenia roślin rosnących w środowisku wodnym. Duński ekolog J.E.Warming (1901) zidentyfikował cztery grupy roślin na podstawie ich związków z wodą: hydrofity, kserofity, halofity i mezofity.

K.Lampert (1900) podzielił rośliny na trzy grupy:

- rośliny z liśćmi zanurzonymi w wodzie;
- rośliny z liśćmi unoszącymi się na powierzchni wody;
- rośliny, które mają część swoich pędów w wodzie, druga wznosi się nad wodą.

Obecnie nie istnieje ujednolicona klasyfikacja roślinności wód przybrzeżnych w literaturze naukowej i edukacyjnej oraz nie istnieje powszechnie przyjęte pojęcie flory wód przybrzeżnych. W związku z tym podajmy główne pojęcia i oznaczenia, które najczęściej znajdują się w literaturze i są używane przez specjalistów.

Do większości badaczy (I.D. Bogdanovskaya-Giennef, 1974; A.P. Shennikov, 1950; I.M. Raspopov, 1977) w zakresie flory wód przybrzeżnych należą:

1) gatunki, które wymagają środowiska wodnego przez cały cykl życia (pręty, pofałdowania itp.);

2. gatunki zamieszkujące przybrzeżny, długo zalewany pas i noszące w swojej strukturze oznaki morfologiczne związane ze środowiskiem wodnym (mannik wodny, poręcz itp.);

3) gatunki pojawiające się w stadiach bagiennych akwenów wodnych (mączliki, cinquefoil).

Wielu specjalistów (A.P.Nechaev, Z.I.Gapeka, 1970, 1974), którzy prowadzili badania nad rzekami Dalekiego Wschodu, włączyło do flory wód przybrzeżnych grupę roślin rosnących w strefie interfuzyjnej brzegu, tzw. grupę efemerową interfuzyjną.

Morfologicznie i ekologicznie flora wód przybrzeżnych jest podzielona przez wielu badaczy (N. Gams, 1918; Varming, 1923; G.I. Poplavskaya, 1948; B.A. Fedchenko, 1949) na trzy główne grupy:

1. rośliny wznoszące się nad wodą, lub jak się je nazywa, powietrzno-wodne;

2. rośliny z pływającymi liśćmi (dołączonymi i swobodnie pływającymi) na powierzchni wody;

3) Rośliny, które znajdują się całkowicie w słupie wody (przyłączone lub nie do podłoża).

Najczęściej stosowane są klasyfikacje G.I.Popławskiej (1948) i A.P.Shennikova (1950). G.I.Poplavskaya identyfikuje dwie grupy roślin wodnych:

1) hydrofity to rośliny mniej zanurzone w wodzie;

2) hydatofity - rośliny, które są całkowicie lub w większości zanurzone w wodzie; z kolei dzielą się na części:

- Hydatofity są prawdziwe;
- Aero-hydatofity zanurzone;
- Aero-hydatofity pływające.

A.P.Shennikov, przeciwnie, odnosi się do grupy hydrofitów jako do roślin zanurzonych oraz roślin z pływającymi liśćmi i łodygami liściopodobnymi. Rośliny powietrzne i wodne są przez nie klasyfikowane jako helofity. Tej terminologii używają A.P.Belavskaya, T.N.Kutova (1966) i V.M.Katanskaya (1981). I.M.Raspopov (1971, 1985) klasyfikuje jako hydrofity wyższe wodne rośliny zielne anatomicznie i morfologicznie przystosowane do życia w środowisku wodnym w stanie zanurzonym, pływającym na powierzchni wody lub półzanurzonym.

Ekologiczna i fizjologiczna klasyfikacja przybrzeżnych roślin wodnych H.Gams (Gams, 1918) z niewielkimi dodatkami K.N.Igoshin, 1927) jest dość często stosowana, która ma następujące gatunki:

1. Lemnidy są roślinami swobodnie pływającymi, nieukorzenionymi:

- planktony - pływające w słupie wody (riccia, vesicle, tridolla);
- Neustonic - z organami asymilującymi rozłożonymi na powierzchni wody (salwina, mała szata, vodokras).

2. Do roślin dołączone są wodne mchy liściowe i glony harfowe.

3. Rośliny ukorzeniające:

- izoetydy - rośliny z krótkimi łodygami i rozetą korzeniową zanurzonych liści (dortman's lobelia, półkula);

- Wallisnerides - rośliny o krótkich łodygach i długich liściach (podwodne formy grota i zaskórnika, wallisneria);

- elodeidy - rośliny zanurzone o długiej łodydze i liściach (elodea, weurus, rdestes, nayades);

- nimfaeidy - rośliny z liśćmi pływającymi na powierzchni wody, których górna powierzchnia nie jest zwilżona wodą (nimfa, warga, rodex pływający);

- Liniowce - rośliny z liniowymi nadwodnymi organami asymilującymi (trzciny, róże, turzyce, ayr);

- liście - rośliny o szerokich liściach powierzchniowych (zegarek, cinquefoil, biało-skrzydłowe);

- płazy to rośliny, które są równie powszechne w różnych biotopach.

Zgodnie z klasyfikacją G.E.Pawłenki (1968) rośliny dzieli się na następujące grupy ekologiczne w zależności od ich przystosowania do warunków życia w wodzie:

- przybrzeżne - rośliny z piaszczystych, kamienistych i błotnistych ławic;

- płazy to rośliny, które wznoszą się nad wodą;

- rośliny wodne - rośliny z liśćmi unoszącymi się na powierzchni wody;

- Podwodne rośliny;

- pływających roślin.

Z.I.Gapeka (1974) klasyfikuje roślinność przybrzeżną i wodną według grup ekologicznych:

- hydrohelofity;

- heliohydrofitów;

- międzypokoleniowych efemerałów;

- nimfemidy;

- tomoidów;

- lemmnidy deskowe;
- neurotyczne lemmnidy;
- elodeidy.

Zgodnie z tą klasyfikacją, gatunki o dużej amplitudzie ekologicznej mogą występować w warunkach różnych grup ekologicznych.

N.S.Kamyshev (1962, 1963) w swojej klasyfikacji roślinności wód przybrzeżnych uzyskuje przychody z ekologicznych typów roślin:

Rodzaje	Podtypy przez przyłącza glebowe	wskaźnik poziomu wody
Higrophytes	Mieszkańcy wybrzeża	Płazy
Gidatofity	Mieszkańcy dróg wodnych	Powierzchnia. Drogi wodne. Okręty podwodne
	Pływający	Floaters. Łodzie podwodne Półzanurzalny - pływający

A.P.Nechayev i V.M.Sapaev (1973) przyjęli za podstawę klasyfikacji głębokość rozmieszczenia zakładów w kolumnie zbiornikowej. Identyfikuje ona pięć grup środowiskowych:

1) Rośliny przybrzeżne okresowo dotknięte zalaniem i narażeniem;

2) Rośliny przyczepione do podłoża i wznoszące się nad wodą;

3. rośliny unoszące się na powierzchni wody, których korzenie są przymocowane do podłoża;

4. rośliny całkowicie zanurzone w słupie wody;

5. rośliny swobodnie unoszące się na powierzchni i w górnej kolumnie zbiornika.

V.M.Katanskaya (1981) klasyfikuje rośliny wodne według grup ekologicznych w zależności od cech morfologicznych i ekologiczno-biologicznych.

Hydrofity to prawdziwe rośliny wodne:

1. Rośliny podwodne - podwodne hydrofity:

- całkowicie zanurzony w wodzie (prawdziwa woda), której cały cykl rozwoju odbywa się w wodzie;

- Całkowicie zanurzony, nieukorzeniony, pływający w słupie wody (np. gatunek cornucopia);

- w pełni zanurzone zakorzenienie (gatunek nadia, półkula, itp.);

- zanurzone w wodzie, ale z unoszącymi się w powietrzu genitaliami (prawie zanurzone);

- zanurzony, zakorzeniony, pływający w słupie wody (typy fiolek);

- zanurzony, zakorzeniony, z systemem korzeniowym o różnej mocy, u niektórych gatunków nierozwiniętych (rdsty, urut, elodeia, lobelia).

2. Rośliny pływające na powierzchni wody - hydrofity pływające:

- swobodnie pływający, nieukorzeniony (szata mała, wódka, salwa itp.);

- z pływającymi liśćmi, zakorzenionymi (lilia, kostka lilii, rodez pływający, bolotovor, gryka płazowa).

Zanurzone i pływające rośliny nieukorzenione są przytwierdzone do podłoża, gdy dolna część ich pędów lub korzenie wodne znajdują się w luźnej kolumnie mułowej dna zbiornika.

Gelophytes (hydrogygrofity) - rośliny mokradłowe:

- Rośliny powierzchniowe z łodygami i liśćmi wznoszącymi się ponad powierzchnię wody, ukorzenienie (trzcina, róg, trzcina, krzew, karzeł, grot strzałowy, chastocha, itp.) Wszystkie z nich z powodzeniem rozwijają się i przechodzą pełny cykl rozwoju, zarówno w wodzie, jak i na mokrych brzegach zbiorników.

Ogólnounijna konferencja na temat wyższych wód i przybrzeżnych roślin wodnych (I.M.Raspopov, 1977) zaproponowała następującą klasyfikację, która obejmowała trzy główne grupy:

1. *Hydatofity* to rośliny zanurzone, których cały cykl życia znajduje się pod wodą. Ich pędy generatywne mogą wznosić się ponad powierzchnię wody, podczas gdy główna roślinność znajduje się w słupie wody. Obejmuje to gatunki

nieukorzenione (pęcherzyki, rogacze) i gatunki zakorzenione (rdestes, elodeia, półkula, uru).

2. *Neustofity* to rośliny z pływającymi organami asymilującymi. Większość pędów wegetatywnych i liści unosi się na powierzchni wody. Są to gatunki niemające korzeni (salwina, vodokras, szata, multimikroba) i gatunki mające korzenie (nimfa, mewa, najgłębiej pływający itp.).

3. *Helophity* to rośliny powietrzno-wodne, których część pędów znajduje się w wodzie, a część nad powierzchnią wody. Pewna liczba gatunków może również rosnąć poza wodą. Jest to grupa pośrednia pomiędzy roślinami wodnymi i lądowymi.

V.G.Papchenkov (1985) w pojęciu "hydrofitów zbiorników" obejmuje nie tylko rośliny zielne, ale również drzewiaste, zdolne do normalnego wzrostu i rozwoju w warunkach wodnych i gruntowych pokrytych wodą. Autor buduje swoją klasyfikację na podstawie cech morfologicznych i biologicznych roślin, biorąc pod uwagę różne adaptacje do środowiska wodnego:

Hydrofity, czyli prawdziwe rośliny wodne:

- grupa 1 - hydrofity, swobodnie unoszące się w słupie wody (rogacz ciemnozielony, szata tridylonowa, fiolka z aloesem, fiolka pospolita);

- grupa 2. - zanurzone, zakorzenione hydrofity (błyszczące, grzebieniaste, kanadyjskie elodea, mokre, małe kaulinia, itp;)

- grupa 3 - hydrofity swobodnie unoszące się na powierzchni wody (szata mała, salwinowa pływająca, wolfia niestrawna, vodokras zwyczajny, orzech wodny pływający);

- grupa 4 - ukorzeniające się hydrofity z pływającymi liśćmi (lobby żółte, lilia czystobiała, jeździec pływający, gryka płazowa);

Przedstawiciele tego typu tworzą fitocenozy na głębokościach od 0,5 do 2,5 m.

Gelophity, czyli rośliny powietrzno-wodne:

- Grupa 5 - hemofity wysokie, średnia wysokość pędów 180-250 cm (trzcina pospolita, róg wąskolistny, trzcina jeziorna, duży mannik itp;)

• Grupa 6 - hemofity niskie trawiaste, średnia wysokość pędów 60-100 cm (banan, grot strzałowy, parasol, sosna wodna, skrzyp rzeczny itp.);

• grupa 7 - hemofity powierzchniowe, wysokość strzału poniżej 10 cm (gówno w kształcie igły, szlam wodny, pomnik klucza itp.).

Gminy z przewagą hemofitów znajdują się głównie na wybrzeżu do głębokości 1,0-1,2 m. Najgłębiej przenikliwe są helofity o wysokiej trawie. Niskie trawiaste rośliny powietrzno-wodne preferują głębokość do 0,5 m. Helofity powierzchniowe zajmują przybrzeżne ławice o głębokości do 10 cm.

Urocze rośliny:

• grupa 8 - higroflopy (obornik bagienny, turzyca pikantna, poręcz wodna, olejek bagienny, trujący żywiec, napływ mannika, tęczówka prawdziwa, rzeżucha płazowa, jaskier itp.) Rośliny z tej grupy są typowe dla niskich poziomów zalewu przybrzeżnego, często występującego na mieliznach przybrzeżnych na głębokości 20-40 cm; wiele z nich jest typowych dla stopów jezior;

• Grupa 9 - hygrofy zielne (trzcina leśna, żaba chintz, niektóre turzyce itp.). Zazwyczaj zajmują one średnie poziomy strefy zalewowej wybrzeża i dość często występują w niewielkich ilościach w wodzie w pobliżu brzegów o niskiej marży, stanowiąc część zbiorowisk helofitów wysokomorskich;

• grupa 10 - higrofity drzewne (wierzba trójmilowa). Reprezentowane przez wierzby, które często oprawiały brzegi, często rosną w wodzie;

• grupa 11 - higromesofity (gęsiostópka, matka i macocha, veronika longifolia, nornik itd.) Zajmuje wysokie poziomy przybrzeżnej strefy zalewowej i strefy zalewowej zbiorników wodnych. Są one rzadkie w środowisku wodnym.

Rozsądne jest przedstawienie innej klasyfikacji roślin wód przybrzeżnych (I.M.Raspopov, 1985):

Hydrofity to prawdziwe rośliny wodne, stale rosnące w wodzie:

• eugidrofity, czyli hydatofity, rośliny zanurzone to prawdziwie wodne rośliny, których cykl życiowy znajduje się pod wodą lub niektóre mają tylko generatywne pędy, które wznoszą się nad wodą lub pływają na powierzchni wody, ale większość roślin znajduje się w słupie wody;

• Plejstofity, czyli pleistofity, nimfety, rośliny pływające to rośliny wodne z liśćmi unoszącymi się na powierzchni wody i innymi organami asymilującymi;

• Hydrofity powietrzne, czyli hydrogyrofy, rośliny powietrzno-wodne lub mokradłowe, często nazywane helofitami, to rośliny wodne z pędami, z których część znajduje się w środowisku wodnym, a część wznosi się nad powierzchnią wody.

Higrofizy są roślinami lądowymi na siedliskach wilgotnych, przeludnionych i okresowo zalewanych:

• eugygrofy - lądowe rośliny czarujące, przystosowane do zamieszkiwania przybrzeżnego pasa zbiorników wodnych, typowe dla niskich i średnich poziomów przybrzeżnej strefy zalewowej, często spotykane w płytkich korytach rzek i strumieni, na krokwiach, mokrych ławicach przybrzeżnych na głębokościach do 20-40 cm;

• Hygroglopy to lądowe rośliny podmokłe, przystosowane do siedlisk bardzo wilgotnych, a nawet podlewanych, ale często o strukturze kseromorficznej;

• Higrozofity to rośliny lądowe o dość dużej amplitudzie ekologicznej w stosunku do nawilżania powietrza, zajmujące wysokie poziomy przybrzeżnej strefy zalewowej, wilgotne lub podmokłe mielizny i strefy zalewowej zbiorników wodnych.

Klasyfikacja podana w artykule przez G.S.Gigewicza, B.N.Własowa i G.W.Wynajewa (2001) jest modyfikacją klasyfikacji I.M.Raspopowa (1985):

Hydrofity to prawdziwe rośliny wodne, stale żyjące w wodzie:

- Eugidrofity, czyli hydatofity, rośliny zanurzone, są roślinami prawdziwie wodnymi, których cały cykl życia odbywa się pod wodą lub których jedyne pędy generatywne wznoszą się nad wodą, lub roślinami, które unoszą się na powierzchni wody, ale ich główna masa roślinna znajduje się w słupie wody:

- w pełni zanurzony w wodzie (prawdziwa roślina wodna);

- całkowicie zanurzony, zakorzeniony, swobodnie pływający w słupie wody;

- całkowicie zanurzony w wodzie, zakorzeniony;

- zanurzony w wodzie, ale z powietrzem w genitaliach;

- z unoszącymi się w powietrzu organami generatywnymi, zakorzenionymi;

- z unoszącymi się w powietrzu organami generatywnymi, które się zakorzeniają.

- Plejstofity, czyli pleistofity, nimfy, rośliny pływające to rośliny wodne z liśćmi unoszącymi się na powierzchni wody i innymi organami asymilacyjnymi:

- zakorzeniony, swobodnie pływający na powierzchni wody;

- zakorzenienie.

- Hydrofity powietrzne, czyli hydrogrofity, rośliny powietrzno-wodne lub bagienne, to rośliny wodne z pędami, z których część znajduje się w środowisku wodnym, a część wznosi się nad powierzchnią wody:

- wysoka osoba dorosła (wysokość pędów 100-250 cm);

- średniej wielkości dorosłych (wysokość pędów 20-100 cm);

- krótki wzrost (pędy poniżej 20 cm wysokości).

Higrofizy to rośliny lądowe o wilgotnym, nadmiernie nawilżonym i okresowo zalewanym siedlisku o dużej wilgotności powietrza:

- eugygrofy - lądowe rośliny czarujące, przystosowane do strefy przybrzeżnej akwenów wodnych, typowe dla stref zalewowych niskiego i średniego poziomu, często spotykane w mokrych ławicach przybrzeżnych na głębokości do 40 cm:

  - wysoka osoba dorosła (wysokość pędów 100-250 cm);

  - średniej wielkości dorosłych (wysokość pędów 20-100 cm);

  - krótki wzrost (pędy poniżej 20 cm wysokości).

- Hygroglopy to lądowe rośliny podmokłe, przystosowane do siedlisk bardzo wilgotnych i podlewnych, ale często o strukturze kseromorficznej:

  - wysoka osoba dorosła (wysokość pędów 100-250 cm);

  - średniej wielkości dorosłych (wysokość pędów 20-100 cm);

  - krótki wzrost (pędy poniżej 20 cm wysokości).

Wysoki polimorfizm roślin wód przybrzeżnych pozwala im na zajmowanie różnych stref ekologicznych. Rozmieszczenie roślinności w słupie wody jest silnie uzależnione od przejrzystości wody, nawierzchni, konfiguracji brzegów, itp. Ten podział na strefy rozmieszczenia roślinności wód przybrzeżnych jest przede wszystkim dla gatunków z systemem korzeniowym. Rośliny takie jak chwasty, salwina, riccia, vodokraschiya i inne należą do grupy Pleiston i mogą być swobodnie rozmieszczone na powierzchni zbiornika wodnego, podczas gdy dość często - daleko od brzegu. Rozmieszczenie w słupie wody roślin bez korzeni (takich jak rogaczkowate, trójcylonowe, pęcherzyki) zależy w dużej mierze od przejrzystości i surfingu wody (K.A.Kokin, 1982).

Pomimo istnienia wspólnych wzorców rozmieszczenia roślin w zbiornikach wodnych, zbiorowiska w obrębie każdego zbiornika wodnego mają swoje indywidualne cechy - różnią się składem kwiatowym, zasobnością powierzchni i rozmieszczeniem w obrębie terytorium. Główną rolę odgrywa tu temperatura i reżim światła zbiornika, czynniki hydrologiczne, hydrochemiczne, morfometryczne i inne. Określają one rodzaj warunków, które sprzyjają istnieniu poszczególnych zbiorowisk roślinności przybrzeżnej i wodnej.

TYPOLOGIA ROŚLINNOŚCI ŁĘGOWEJ I ZBIORNIKA WODNEGO

Klasyfikacja zbiorników według trofizmu przewiduje ich podział na cztery główne grupy: oligotroficzne, mezotroficzne, eutroficzne i dystroficzne. Podstawy klasyfikacji stanu troficznego akwenów określili współcześni limnolodzy Naumann i Thienemann (Thienemann, 1925; Naumann, 1932). Wykazały one, że poziom produktywności biologicznej (trofeum) jest ściśle związany z czynnikami abiotycznymi środowiska, położeniem geograficznym zbiorników wodnych i charakterem zlewni. Klasyfikacja Tinemana definiuje się jako ekologiczną, gdyż typ troficzny opiera się na relacji wskaźników biologicznych z czynnikami abiotycznymi (głębia, kolor, przezroczystość zbiornika, obecność tlenu hipolimnialnego (dennego), pH, składników odżywczych, itp.) W hydrobiologii ten rodzaj typizacji zbiorników stał się najbardziej rozpowszechniony.

Terminy te zostały po raz pierwszy użyte przez S. Webera w jego badaniach nad florą niemieckich torfowisk w celu scharakteryzowania roślin rozwijających się w niskich, średnich i wysokich stężeniach składników pokarmowych. Później, w 1919 r., E. Naumann, badając fitoplankton szwedzkich jezior, zastosował je do klasyfikacji poszczególnych zbiorników według zawartości w nich fosforu, azotu i wapnia. Później A. Tinemann, pracujący nad jeziorami w Niemczech, zaproponował użycie innych wskaźników jako kryteriów ich trofobii - zawartości tlenu w wodzie, obecności organizmów wskaźnikowych, całkowitej ilości fitoplanktonu (Winberg, 1960; Broth, 1983).

Początkowo autorzy ci identyfikowali dwa typy jezior - oligotroficzne i eutroficzne, a następnie dystroficzne. Później zidentyfikowano jeziora o wskaźnikach pośrednich - mezotroficznych. Typizacja opracowana dla jezior jest również stosowana dla zbiorników wodnych (Abdin, 1949).

Jako wskaźnik stopnia troficzności zaproponowano różne kryteria: zawartość rozpuszczonego tlenu, elementów biogennych w słupie wody, obecność organizmów wskaźnikowych, ilość fitoplanktonu itp. Główny wskaźnik powinien jednak nadal być uważany za produkty podstawowe (Winberg, 1960).

Rozwój organizmów w zbiornikach wodnych zależy od warunków środowiskowych: przejrzystości wody, zawartości pierwiastków biogennych (głównie azotu i fosforu), stężenia tlenu, reżimu temperaturowego, wartości pH itp. Typ zbiornika można zatem określić na podstawie liczby i składu gatunkowego organizmów, intensywności produkcji i procesów niszczenia (Winberg, 1960; Romanenko, 1985).

Rozwój roślinności wodnej jest ściśle związany z cechami hydrologicznymi zbiornika, wielkością i morfometrią basenu, składem chemicznym wody, naturą i rozmieszczeniem osadów dennych oraz szeregiem innych czynników. Stopień troficzności zbiorników daje pełny obraz ekologicznych warunków istnienia organizmów.

Roślinność wodna rozwija się głównie w litoralach i sublitoralach, tworząc ciągły lub przerywany pas o różnej szerokości wzdłuż brzegu, wokół wysp i ławic, rzadziej pokrywający całe dno jeziora. Głębokość rozmieszczenia roślin wodnych zależy od wielkości przezroczystości wody, waha się od 2 do 4 metrów, a w rzadkich przypadkach nawet do 8 metrów.

Stawy oligotroficzne zawierają niewielkie ilości składników odżywczych, charakteryzują się dużą głębokością, dużą przejrzystością (do 4-20 m i więcej w zależności od dysku Secchi), obecnością tlenu w całym słupie wody przez cały rok. Zbiorniki te zajmują głębokie depresje tektoniczne i erozyjne o słabo określonej strefie litoralu. Osady denne są ubogie w materię organiczną. W jeziorach tego typu życie roślin wodnych jest ograniczone przez brak składników odżywczych i niską temperaturę wody, słabo rozwiniętą strefę litoralową.

Rozwój fitoplanktonu jest słaby. W stawie przeważają łańcuchy troficzne pastwisk, jest mało mikroorganizmów, a łańcuchy rozkładu materii organicznej przez bakterie są słabo wyrażone. Zbiorniki takie mają słaby skład gatunkowy roślinności wód przybrzeżnych: łączna liczba gatunków najczęściej nie przekracza dziesięciu. Dominują mech wodny (fontinalis), półkula jeziora, trzcina pospolita itp. Biomasa przybrzeżnych roślin wodnych jest niska.

Typ oligotroficzny jezior obejmuje jezioro Bajkał, jezioro Ładoga i jezioro Onega, jezioro Issyk-Kul, jezioro Kara-Kul, jezioro Turgojak i jezioro Sevan, a także wiele zbiorników wodnych w regionach górskich i północnych. W ostatnim czasie wiele zbiorników oligotroficznych zostało poddanych intensywnej eutrofizacji, w związku z czym ich przejrzystość stopniowo maleje.

Zbiorniki mezotroficzne charakteryzują się pośrednim zespołem cech, pomiędzy oligotroficznym a eutroficznym. Najliczniej występują na glebach bielicowych stref leśnych i leśno-stegradowych, a jednocześnie występują we wszystkich strefach przyrodniczo-klimatycznych i geograficznych. W mezotroficznych zbiornikach wodnych przeważają szare, gliniaste lub piaszczyste osady denne z wypełnieniem detrytusowym. Z reguły są to zbiorniki wodne do 5-30 m głębokości i 1-4 m przezroczyste. Bardzo często niedobór tlenu obserwowany jest w większości dolnych warstw wody, czasami obejmuje on całą strefę hipolimnizacji. Niedobór tlenu w słupie wody jest najbardziej dotkliwy w zimie.

Jeziora mezotroficzne rosną średnio o 35% (często o 60%). W pokrywie roślinnej odsetek obszarów zajętych przez roślinność częściowo zanurzoną (głównie trzciny) jest dość wysoki, bogatszy niż skład gatunkowy flory; liczba gatunków wzrasta do 40-60. Bardzo często dominują rośliny zanurzone, reprezentowane głównie przez algi harfowe. Często w dużych ilościach są rdsta, rogacze, telorese. Szerokiemu rozkładowi roślinności wodnej sprzyja stosunkowo duża przezroczystość wody (do 4 m), słabo zasadowy odczyn pożywki (pH 8), niska mineralizacja (ok. 180 mg/l) oraz obecność sapropeli węglanowych w strefie sublitoralnej (o zawartości do 35% substancji organicznej).

Wraz ze wzrostem troficzności zbiorników wodnych, wzbogaca się skład gatunkowy flory wodnej. Elodea, szerokolistne rodechy, rogacze, glony harfowe stają się dominujące w zbiorowiskach roślinnych. Jeziora mezotroficzne (ze śladami eutrofii) charakteryzują się wysoką biomasą roślinności wód przybrzeżnych i stosunkowo bogatym składem gatunkowym - do 60 gatunków.

Zbiorniki mezotroficzne to Rybińskoje, Iwanowskoje, Kujbyszewskoje, Kijowskie, Mozhajskoje, jeziora Pieszczjewo, Głubokoje, Narocz i inne.

Zbiorniki wodne charakteryzujące się wysoką wydajnością biologiczną zostały nazwane **eutroficznymi** (synonimem eutroficznym). Najczęściej są to płytkie zbiorniki z obfitym napływem związków biogennych z obszaru zlewni. Znajdują się one na płaskim lub lekko pagórkowatym terenie z luźnymi skałami. Przy dużej zawartości składników odżywczych w dobrze oświetlonym i podgrzanym epilimnie zbiorników wodnych obserwuje się intensywny rozwój fitoplanktonu. Jego szybki rozwój w miesiącach letnich często prowadzi do "kwitnienia" zbiornika.

Osady denne są bogate w materię organiczną i związki biogeniczne. Przejrzystość w takich zbiornikach wodnych jest niska, wynosi 0,5-2 m. W warstwie powierzchniowej znajduje się nadmiar tlenu rozpuszczonego w wodzie; w hipolimonii, począwszy od drugiej połowy lata, pojawia się strefa beztlenowa. Zimą, zwłaszcza w płytkich wodach, zjawiska mrozu są bardzo częste. W zbiornikach wodnych coraz większego znaczenia nabierają łańcuchy "detrytu i redukcji". Stają się jedynymi, którym brakuje tlenu i obfitują w martwą materię organiczną.

Stopniowe zwiększanie głębokości i dobrze zdefiniowany litoral stwarzają korzystne warunki dla rozwoju roślinności przybrzeżnej i wodnej, przy czym w zbiorniku wodnym dominują wszystkie grupy ekologiczne roślin - powierzchniowe, powodziowe i podwodne.

Rośliny półzatopione (trzcina, grab, trzcina) rozwijają się głównie w wodach lekko eutroficznych z zagłębieniami w kształcie lejków w stosunkowo głębokich wodach. Niska przezroczystość (ok. 2 m) hamuje rozwój roślin podwodnych. Takie jeziora rosną średnio o 20%.

Stopień zarażenia słabo eutroficznych stawów do 4 m głębokości i płytkich wód wynosi około 35%. Jest on określany na podstawie morfometrii dorzecza, udziału wód płytkich w całkowitym obszarze dorzecza oraz jego średniej głębokości. Poza roślinami półzanurzonymi, znacząco rozwijają się również rośliny podwodne. W takich zbiornikach wodnych najczęściej dominują trzciny, graby, trzciny, elodea, rogacze, różaneczniki itp.

Warunki wapienne płytkich, wysoko troficznych jezior są najkorzystniejsze dla wzrostu roślinności wód przybrzeżnych, co wyraża się w znacznym zarastaniu tych jezior (do 40-100%) przy dużej biomasie zarośli (średnio 350 g/m2).

Wśród tej grupy zbiorników najbardziej zarośnięte są płytkie i czyste jeziora. Są prawie w 100% zarośnięte. Jeziora te są zdominowane przez zanurzone makrofity (głównie pręty).

W hipertroficznych zbiornikach wodnych słaby rozwój roślinności podwodnej zależy przede wszystkim od niskiej przezroczystości i wysokiej biomasy fitoplanktonu, który jest konkurentem dla składników odżywczych.

Duże zbiorniki eutroficzne to jeziora Ilmen, Chudskoje, Nero, Chany, Myastro, Tsimlyanskoje i inne.

W północnych obszarach leśnej tundry i strefy leśnej znajdują się jeziora, których brzegi składają się z mchów torfowych sphagnum, woda jest słabo zmineralizowana i bogata w substancje humusowe. W związku z tym jest najczęściej malowany w ciemnych kolorach. Przezroczystość wody w takich jeziorach nie przekracza 2-4 m, pH - w granicach 4-6, węglany są bardzo niskie. Zbiorniki wodne są bogate w materię organiczną, ale procesy destrukcyjne zachodzą w nich w bardzo niewielkim stopniu. Wynika to z faktu, że próchnica wodna składa się z trudnych do mineralizacji kwasów humusowych i stanowi większość PHC w zbiornikach wodnych. Osady denne są często torfowiskami, piaskami lub glebami bielicowymi.

Jest w nich niski poziom rozwoju fitoplanktonu. Rozpuszczona materia organiczna wynosi 90-98% i tylko 2-10% ma postać żywych organizmów i detrytu. Takie stawy nazywano **dystroficznymi.**

Jeziora te charakteryzują się szerokim rozpowszechnieniem roślinności przybrzeżnej i prawie całkowitym brakiem prawdziwych hydrofitów. Wśród tych dystroficznych, zbiorniki wodne z szerokim zakresem zarastania roślinnością przybrzeżną są powszechne, od lekko do prawie całkowicie zarośniętych. Kwaśny odczyn pożywki (pH 4-7) i niska mineralizacja (15-150 mg/l) są głównymi czynnikami kształtującymi skład gatunkowy makrofitów. W zbiornikach dystroficznych skład gatunkowy roślin jest bardzo słaby, 5-10 gatunków, a dominują głównie mchy (Gigewicz, Własow, Winajew, 2001).

W zbiornikach wodnych różnych trofeów prędkość cyklu materii organicznej jest różna. W zbiornikach oligotroficznych martwe organizmy są głównie zmineralizowane w słupie wody, dzięki czemu osady denne są wyjątkowo ubogie w materię organiczną. W wodach eutroficznych, pomimo wysokiego tempa mineralizacji, osady denne są stale uzupełniane materią organiczną. W wodach dystroficznych materia organiczna rozkłada się bardzo powoli; zachowana jest głównie w osadach dennych.

Granice pomiędzy poszczególnymi typami zbiorników są do pewnego stopnia względne, ponieważ stwierdzono dużą różnorodność form przejściowych, które trudno jest uszeregować według jakichkolwiek wskaźników. Nawet w tym samym zbiorniku wodnym widoczne są oznaki różnych typów zbiorników. Dlatego pojęcie "oligotrofia" i "eutrofia" ma sens nie jako podstawa klasyfikacji, lecz jako ogólne pojęcia charakteryzujące zbiornik w sensie bogactwa życia, ekologicznych warunków istnienia organizmów i specyfiki fizycznych i chemicznych wskaźników wód (Gorlenko, Dubinina, Kuźniecow, 1977).

Wyższa roślinność wodna rośnie na wybrzeżach wszystkich typów zbiorników, zarówno oligotroficznych, eutroficznych jak i dystroficznych. Najbardziej korzystny dla rozwoju roślinności jest jednak zbiornik eutroficzny o wyraźnym litoralowym, mulistym dnie, dużej przezroczystości, obecności wystarczającej ilości składników pokarmowych w słupie wody i osadach dennych (Kokin, 1982; Raspopov, 1985). W optymalnych pod względem ekologicznym warunkach zbiorników eutroficznych zbiorowisko roślinności wód przybrzeżnych osiąga największą różnorodność i wysoką biomasę, której nigdy nie obserwuje się w innych zbiornikach trofobicznych ani w zaburzonych siedliskach.

WARTOŚĆ WSKAŹNIKA WODNEGO

Specjaliści stale starają się klasyfikować jednolite części wód w oparciu o intensywność rozwoju roślinności wód przybrzeżnych z określeniem najbardziej charakterystycznych gatunków dla danego typu wody. Duża część roślin wodnych okazała się jednak wysoce tolerancyjna, co niekiedy utrudniało wykorzystanie ich jako gatunków wskaźnikowych. Jednak w każdym przypadku takie prace są dostępne, a ich wyniki przedstawiono poniżej.

Większość prac poświęcona jest badaniu zależności między parametrami hydrochemicznymi wody (twardość ogólna, zasadowość, dwutlenek węgla, wodorowęglany, wartości pH itp.) a rozmieszczeniem roślinności wodnej, co w formie ogólnego schematu zostało przedstawione w pracach (Pietsch, 1972; Alakin, 1970).

Takie gatunki jak *Zostera marina, Z. Nana, Z. Minor, Ruppia maritima, R. spiralis, w* mniejszym stopniu *Nayas marina, Potamogeton pectinalis, Bulboschoenus maritimus,* są charakterystyczne dla klasy wody chlorkowej. Żyją one w morzach przybrzeżnych i jeziorach o zasoleniu do 8 ‰ i więcej. Ppm (symbol ‰) - ilość soli w 1 litrze wody.

Ponadto znana jest grupa gatunków roślin wód przybrzeżnych, które można uznać za wskaźniki pewnego stanu i troficzności środowiska wodnego.

Obecność jeziora (*Isoetes lacustris*), kolca (*I. echinospora*), *Lobelia dortmanna* i *Myriophyllum alterniflorum* wskazuje, że wody są czyste i oligotroficzne.

Masowy rozwój łasic wskazuje na brak dobrego samopoczucia w ekosystemie. Obfitość występowania tridelli (*Lemna trisulca*) wskazuje na wysoką zawartość składników odżywczych, rozwój *tridelli (L. minor*) i *poliryzy (Spirodela polyrhiza*), oprócz eutrofizacji, wskazuje na rolnicze skażenie wody. Wielokorzeniowy jest zdolny do rozwoju na skoncentrowanych spływach kompleksów hodowli zwierząt. Miejscowy intensywny rozwój chwastów wskazuje, gdzie substancje odżywcze dostają się do zbiorników wodnych.

O istnieniu wpływu antropogenicznego na ekosystemy wodne świadczy bujny rozwój grotów strzałek pospolitych (*Sagittaria sagittifolia*) i grotów babkowatych (*Alisma plantago-aquatica),* Canadian *Elodea canadensis, Stratiotes aloides, Ceratophyllum demersum* i *Myriophyllum spicatum.*

Wystawiając trofea środowiska wodnego przy pomocy niektórych gatunków roślin, można wykorzystać oznaki stanu żywotności roślin (normalny, powyżej lub poniżej normalnego rozwoju) oraz ogólny wygląd roślin. Nadmierny rozwój lub ucisk roślin wskazuje na potrzebę zwrócenia uwagi na stan jakości wody.

Zbiorowiska roślinne mają większe (w porównaniu z poszczególnymi gatunkami roślin) zdolności wskaźnikowe, ponieważ są w stanie odzwierciedlić wszelkie, nawet niewielkie, zmiany w warunkach środowiskowych (winogrona, 1964).

Analiza rozwoju roślinności wodnej w zbiornikach wodnych narażonych na różne stopnie eutrofizacji pozwala na wyciągnięcie następujących wniosków (Gigiejewicz, Własow, Winajew, 2001):

1. Roślinność podwodna dość w pełni charakteryzuje stan zbiorników wodnych i zachodzące w nich zmiany;

2. Biomasa hydrofitów i wskaźnik saprofityzacji obliczony na podstawie masy wskaźnikowej roślin zanurzonych może służyć jako wskaźnik jakości wody i stopnia eutrofizacji zbiorników wodnych.

3. Antropogeniczna eutrofizacja zbiorników wodnych prowadzi do reorganizacji strukturalnej zbiorowiska hydrofitów; w wyniku tego dochodzi do pojawienia się lub zaniknięcia składu gatunkowego dominujących złożonych zmian i gatunków wskaźnikowych; w miarę wzrostu troficzności zbiornika, gatunki oligosaprofilne ustępują miejsca gatunkom β-mezosaprofilnym, które z kolei zastępowane są przez gatunki α-mezosaprofilne.

4. Roślinność wód przybrzeżnych jest bardziej konserwatywna niż zbiorowiska fito-, zooplanktonowe i bentosowe, więc skład gatunkowy makrofitów, ich biomasa i rzutowe pokrycie może być wskaźnikiem zmian jakości wody.

Tak więc skład gatunkowy roślinności przybrzeżnej i wodnej pozwala na dość dokładną charakterystykę stanu ekologicznego ekosystemu. Obecnie metoda wskazywania wody przez wskaźniki biologiczne jest szeroko stosowana w praktyce badań hydrobiologicznych. Do analizy jakości wody stosuje się organizmy wskaźnikowe i specjalne metody, wśród których najbardziej popularny jest system Kolkvitz-Mersson (A.V.Makrushin, 1974 ab).

Wyższe rośliny wodne jako wskaźniki zmian jakości wody wraz z innymi organizmami są szeroko stosowane w analizie biologicznej oraz w badaniach sanitarnych i hydrobiologicznych. Należy jednak pamiętać, że rośliny mają dość szeroki zasięg geograficzny i ekologiczny, a w różnych warunkach fizycznych i geograficznych te same gatunki mogą występować w zbiornikach wodnych o różnych poziomach troficznych i mogą mieć różne wartości wskaźników. Dlatego też w przypadku jednorazowych obserwacji obecności lub braku gatunku nie można ocenić jakości środowiska. Ponadto dla określonego regionu geograficznego lub grupy części wód należy wybrać gatunki posiadające właściwości wskaźnika w określonych warunkach. Trudności w identyfikacji gatunków wskaźnikowych w roślinach wodnych wynikają również z bardzo ograniczonych informacji na temat ekologii i fizjologii większości z tych gatunków (Handbook on Methods of Surface Water Hydrobiological Analysis..., 1992).

W "Ujednoliconych metodach badania jakości wody" (1977) wykaz organizmów saprofobicznych, w którym rośliny wodne są rozmieszczone w pięciu klasach saprofobicznych dla wód słodkich ze wskazaniem stopnia saprofobii - ***s***, wskaźnika saprofobii - ***S*** oraz wartości wskaźnika gatunków - ***I*** (tabela 1).

Jak wynika z tabeli 1, wyższe rośliny wodne rozwijają się głównie w strefach oligosaprobowych i β-mezosaprobowych. Ksenobiotyki to tylko niektóre mchy wodne i paprocie, które mają wystarczająco wysoką wartość wskaźnika (3-5).

Tak wiele gatunków roślin wodnych może być wykorzystywanych do określenia saprofobii wody. Do oligozoaprobów należą: najdelikatniejszy błyszczący, najdelikatniejszy następny kwiat, β-mezosaprobami są mech fontinalis, β-mezosaprobami są kanadyjskie elodea, szaty, rdestos pływający i grzebieniasty, sześcian żółty, rogacz zanurzony, jaskier wodny. Przebudowa korony wskazuje również na α-mezosaprobowość.

Strukturalne dostrojenie zbiorowisk hydrofitów i kwantyfikacja zmian jakości wody są odzwierciedlone w Indeksie ***Saprobowości***. Wskaźnik ten, obliczony dla roślinności zanurzonej, dobrze zgadza się ze wskaźnikami liminalnymi zbiornika wodnego. Roślinność podwodna dość w pełni charakteryzuje ogólny stan zbiorników wodnych i zmiany w ich warunkach ekologicznych.

Tabela 1

Wyższe rośliny wodne w układzie saprofobicznym

(Sladecek, 1963; Kokin, 1982)

Widok	Strefa							
	s	*x*	*o*	*β*	*α*	*p*	*I*	*S*
Marchantia polymorpha	*0*	1	8	1	-	-	4	1,0
Riccia glausa	*0*	-	7	3	-	-	4	1,3
Riccia fluitans	*0*	-	7	3	-	-	4	1,3
Rikciocarpus natans	*0*	-	8	2	-	-	4	1,2
Marsupella aquatica	*x - 0*	5	5	-	-	-	3	0,5
Marsupella sphacellata	*x - 0*	5	5	-	-	-	3	0,5
Drepanoklad aduncus	*0 - β*	-	6	4	-	-	3	1,4
Fontinalis antipyretica	*0 - β*	1	5	4	-	-	2	1,35
Cinclidotus aquaticus	*0*	1	7	2	-	-	3	1,35
Sphagnum sp.	*0*	-	10	-	-	-	5	1,0
Hydrohypnum ochraceum	*x - 0*	5	5	-	-	-	3	0,5
Amblystegium riparium	*0 - β*	-	5	4	1	-	2	1,65
Salwinia natans	*0*	-	9	1	-	-	5	1,1
Equisetum fluviale	*0*	2	8	-	-	-	4	0,8
Isöetes lacustris	*x*	9	1	-	-	-	5	0,1
Isöetes echinospora	*x - 0*	5	5	-	-	-	4	0,3
Myriophyllum spicatum	*β*	-	2	8	-	-	4	1,8
Ceratophyllum demersum	*β*	-	1	9	-	-	5	1,9
Potamogeton dramineus	*β*	-	3	7	-	-	4	1,7
luceny potamogetonowe	*β - 0*	-	6	4	-	-	3	1,4
chrupki potamogetonowe	*β*	-	2	8	-	-	4	1,8
Potamogeton perfoliatus	*β*	-	3	7	-	-	4	1,7
Nufar luteum	*β - 0*	-	5	5	-	-	3	1,7
Nymphaea alba	*β - 0*	-	7	3	-	-	3	1,4
Utricularia vulgaris	*β*	-	2	8	-	-	4	1,8
Spirodela polyrrhiza	*β*	-	1	8	1	-	4	2,0
Elodea canadensis	*β*	-	2	7	1	-	3	1,85
Lemna gibba	*β*	-	1	8	1	-	4	2,0
Lemna nieletnia	*β*	-	1	6	3	-	3	2,25
Lemna trisulca	*0 - β*	-	5	5	-	-	3	1,80
Wielokątny amfibrium	*β*	-	3	6	1	-	3	1,75
Hydrocharis morsus ranae	*0 - β*	-	5	5	-	-	3	1,5
Sagittaria sagittifolia	*0 - β*	-	6	4	-	-	3	1,4

Obserwacje dynamiki rozwoju roślin wodnych w zbiornikach wodnych Białorusi pozwoliły G.S. Gigewiczowi, B.P. Własowowi i G.W. Wyniewowi (2001) ustalić nieco inne znaczenie wskaźnikowe hydrofitów (Tabela 2) w porównaniu z przedstawionymi powyżej gatunkami wskaźnikowymi.

Tabela 2

Znaczenie wskaźnikowe głównych gatunków hydrofitów w białoruskich zbiornikach wodnych (Gigewicz, Własow, Wynów, 2001)

Nazwa widoku	Wskaźniki			
	Zanieczysz czenia organiczne	Akidofi- kastiony	Eutroficzny (azot, fosfor)	Brudna torba - metale ciężkie
Common Air	+		+	
Plantain Paradise			+	+
Twardy arkusz jedwabnika	+			
Najbardziej czerwony błyszczący				+
Czerwone kędzierzawe	+		+	
Orzeł Liść ciemnozielony	+	+		+
Orzeł bielik pod wodą	+	+		+
Igła Sitnyag	+			
Bagno Sitnyag	+			
Elodea Kanada	+			+
Skrzyp	+	+		
Mannick Floating				+
Mannick the big one (woda)	+			+
Czerwone kędzierzawe	+		+	
Rzeczy grzebiące	+		+	+
Wspólny Vodokras			+	+
Półkula Jeziora	+	+		
Humpbackfish	+		+	
Buttercup	+		+	
Trzy dolary Trzy dolary			+	+
Spikehole	+			+
Kubicheka Malaja	+			

Jeziora z rozwiniętą roślinnością zanurzoną (głównie elodea, rdest, rogacz, uru, itp.) są najbardziej odporne na rosnące obciążenie antropogeniczne. Jeziora w tej grupie mają najbogatszy i jednocześnie najbardziej jednorodny skład hydrofitów (wskaźnik podobieństwa gatunkowego Jacquara 50-75%). Wskaźnik saprobowości wynosi 1,6-1,8.

Mniej odporne na zwiększone obciążenie antropogeniczne są zbiorniki z przewagą glonów harfowych w pokrywie roślinnej. Są to z reguły słabo zmineralizowane jeziora z oznakami oligotrofii (wskaźnik saprobowości 1,5-1,6; współczynnik podobieństwa gatunkowego 25-50%).

Słabo zmineralizowane jeziora z dominacją gatunków oligo-sapropogenicznych (półkula jeziora, mchy wodne) charakteryzują się ubóstwem i specyficznością składu gatunkowego roślin (wskaźnik saprobowości jest niski - 1,2, a współczynnik podobieństwa gatunkowego wynosi do 25%).

Przy wzroście ładunku składników pokarmowych (średnie roczne stężenie fosforu ogólnego w zakresie 0,05-0,15 mg P/l) fitoplankton jest w stanie konkurować z zanurzonymi hydrofitami i powoduje "zakwitanie" wody. Skutkuje to mniejszą przejrzystością, a w rezultacie zanikiem niektórych gatunków roślin i ograniczeniem przerostu. Ciężar właściwy zatopionej roślinności jest zredukowany do 20-40% masy hydrofitów. Wskaźnik saprofobii wzrasta do 1,8-2,0 w związku z zanikiem gatunków β-mezosaprofobicznych (rogacz, mocz, elodeia, liść laurowy) oraz pojawieniem się

Gatunki *α-mezosaprobowe* (czesane, zakrzywione itp.). Takie jeziora są zdominowane przez roślinność powietrzno-wodną i rośliny o pływających liściach.

W jeziorach narażonych na eutrofizację antropogeniczną roślinność zanurzona jest prawie całkowicie nieobecna. Średnie stężenie fosforu ogólnego w nich przekracza 0,15 mg P/l, co prowadzi do intensywnego rozwoju fitoplanktonu. Współczynnik saprobowości obliczony dla hydrofitów wynosi 2,0-2,3 (Gigewicz, Własow, Wynow, 2001).

TRENDY W SPOŁECZNOŚCIACH NADBRZEŻNYCH

Roślinność wodna jest ściśle związana z cechami hydrologicznymi zbiornika, wielkością i morfometrią zbiornika, składem chemicznym wody, naturą i rozmieszczeniem osadów dennych oraz szeregiem innych czynników.

Roślinność wodna rozwija się głównie na wybrzeżu, tworząc ciągły lub przerywany pas wzdłuż wybrzeża o różnej szerokości wokół wysp i ławic, rzadziej pokrywający całe dno zbiornika. Głębokość rozmieszczenia roślin wodnych zależy od przejrzystości wody, waha się od 2 do 4 metrów, w rzadkich przypadkach - do 8 metrów.

W zależności od warunków wzrostu specjaliści rozróżniają cztery grupy formacji roślinnych:

- nadbrzeżno-wodnego, gdzie reprezentowane są rośliny z terenów podmokłych;
- woda powietrzno-wodna (reprezentowana przez rośliny półzanurzone);
- rośliny z liśćmi unoszącymi się na powierzchni wody;
- podwodne rośliny.

Każda grupa formacji znajduje się w określonych siedliskach i na określonych głębokościach oraz tworzy dobrze zdefiniowane pasma równoległe do brzegu. Nie zawsze możliwe jest wykrycie i dokładne określenie granic pasma makrofitów z powodu ich częściowego wymieszania lub braku. Regularności rozmieszczenia lędźwiowego grup makrofitów są najwyraźniej widoczne w płytkich jeziorach o prostej strukturze nieckowej. W jeziorach o dużej czystości wody, pas roślin zanurzonych jest najbardziej rozpowszechniony. Ciągłe zarastanie z przewagą roślin powierzchniowych jest typowe dla płytkich wód eutroficznych i dystroficznych.

Zbiorowiska roślinności wód przybrzeżnych, podobnie jak inne grupy organizmów, podlegają ukierunkowanym zmianom zwanym *sukcesją*. Środkowy pas Rosji charakteryzuje się ostrą sezonową zmianą warunków pogodowych i hydrologicznych, które zakłócają dynamiczny rozwój społeczności, co prowadzi do sezonowej dynamiki ich rozwoju.

Sukcesja jest naturalnym, ukierunkowanym procesem zmieniających się społeczności w wyniku interakcji pomiędzy organizmami a środowiskiem abiotycznym. W ten sposób niektóre społeczności są sukcesywnie zastępowane przez inne. Przy braku czynników zewnętrznych, dziedziczenie jest procesem ukierunkowanym, a zatem przewidywalnym. Termin "dziedziczenie" został zaproponowany przez F. Clementsa (1916).

Istnieją dwa rodzaje spraw spadkowych:

- autogeniczne - zmiany są zdeterminowane głównie przez wewnętrzne

Przyczyna sukcesji leży w samej społeczności (np. roślinność jest odpowiedzialna za gromadzenie się torfu, który stopniowo zamienia staw w bagno);

- allogeniczne - sukcesję obserwuje się, gdy środowisko zmienia się pod wpływem czynników zewnętrznych (np. obniżenie poziomu wód gruntowych).

Sukcesja obejmuje wszystkie zmiany, począwszy od zasiedlenia gołej ziemi.

pionierską roślinność lub zmieniającą kierunek rozwoju roślinności i kończącą się ustabilizowanymi systemami (zbiorowiskami) znanymi jako *kulminacja.* Przykładem tego jest tworzenie się bagien, gdy lasy są zalewane lub zarastane zbiornikami wodnymi.

Rozwój ekosystemu, zwany sukcesją ekologiczną, jest określany przez następujące parametry (Yu. Odum, 1975):

- Sukcesja jest uporządkowanym procesem rozwoju zbiorowisk, związanym ze zmianami struktury gatunkowej w czasie i procesami zachodzącymi w zbiorowiskach;

- Dziedziczenie następuje w wyniku wywołanych przez społeczność zmian w środowisku fizycznym, ponieważ dziedziczenie jest kontrolowane przez społeczność; chociaż środowisko fizyczne determinuje charakter i szybkość dziedziczenia, często wyznacza ono granice tego, jak wiele rozwoju może osiągnąć;

- Kulminacją rozwoju jest ustabilizowany ekosystem, w którym osiąga się maksymalną biomasę i maksymalną liczbę symbiotycznych powiązań między organizmami na jednostkę dostępnego przepływu energii.

Zatem czynniki fizyczne decydują o charakterze spadku, a jednocześnie nie są jego przyczyną. Najważniejszym warunkiem realizacji sukcesji jest utrzymanie równowagi pomiędzy środowiskiem a działalnością organizmów wchodzących w skład tej społeczności.

Zdolność do przeprowadzania sukcesji jest zapewniana przez przepływ energii, która przechodzi przez ekosystem. Zastępowanie gatunków po sobie jest spowodowane faktem, że populacje, starając się zmodyfikować środowisko, stwarzają warunki korzystne dla innych populacji. Trwa to do momentu osiągnięcia równowagi pomiędzy biotycznymi i abiotycznymi składnikami systemu. Społeczności przejściowe określane są jako etapy rozwoju, a ustabilizowany system jako kulminacyjny.

Tak więc "strategia" sukcesji w społeczności jest zasadniczo podobna do "strategii" długofalowego rozwoju ewolucyjnego biosfery: zwiększonej kontroli nad środowiskiem fizycznym w tym sensie, że system osiąga maksymalną ochronę przed dramatycznymi zmianami środowiskowymi. Ponadto, rozwój ekosystemu jest na wiele sposobów podobny do rozwoju pojedynczego organizmu (Yu. Odum, 1975).

Stopień i szybkość zarastania zbiorników wodnych o różnych poziomach troficznych określają następujące wskaźniki (G.S.Gigewicz, B.P.Własow, G.W.Wynajew, 2001):

- zbiorniki eutroficzne - przede wszystkim ich morfometria;
- zbiorniki mezotroficzne z oznakami oligotrofii i dystrofii - właściwości hydrochemiczne wód;
- zbiorniki mezotroficzne - zestaw ich cech morfometrycznych i hydrochemicznych;
- nisko zmineralizowane zbiorniki wodne - połączenie wskaźników morfometrycznych, składu osadów dennych i rozwoju fitoplanktonu.

Obserwowana zależność intensywności rozwoju roślinności wód przybrzeżnych od cech limnicznych zbiorników wodnych sugeruje, że stopień rozwoju roślinności wodnej i jej skład gatunkowy jest wskaźnikiem stanu ekosystemu.

W procesie jej rozwoju roślinność wód przybrzeżnych dokonuje autotroficznej sukcesji pierwotnej (Ryc. 1). Jednocześnie zbiorowiska roślinne znajdują się w pasach okrężnych na obwodzie zbiornika, a każdy pas odpowiada pewnej głębokości w zależności od przejrzystości wody.

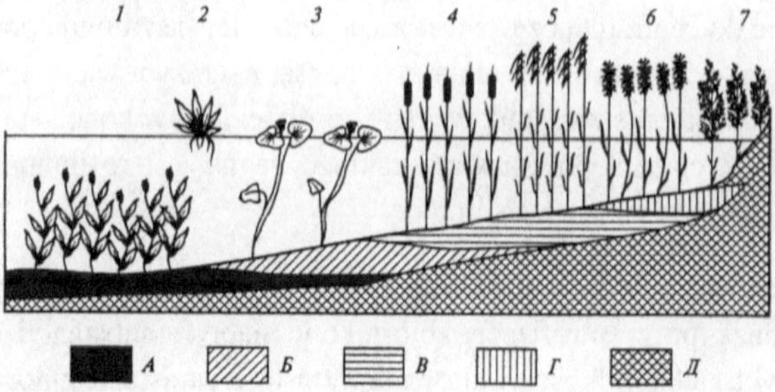

Rys. 1. Zarastanie zbiorników wodnych o płaskich brzegach:

A - sapropel; B - torf sapropelowy; B - torf trzcinowy i grabowy; D - torf turzycowy; D - gleba mineralna; 1 - rdesty; 2 - kosiarka; 3 - lilia biała; 4 - grab; 5 - trzcina; 6 - turzyca; 7 - trzcina.

W pierścieniu zewnętrznym, w płytkiej wodzie, która okresowo wysycha, znajdują się gąszcze dużych turzycowisk, sitnyaga i różne półmokre trawy - zegarek, rów, grot strzałka, jeżyna, trzcina jeziorna itp. Tu tworzy się turzyca lub torf z trawy mieszanej.

Pas wysokiej trzciny, trzciny, skrzypu itp. schodzi na głębokość 3 m. Trzcina, trzcina lub torf skrzypowy są tu ułożone.

Do głębokości 5 m znajduje się strefa roślin zanurzonych z liśćmi unoszącymi się na powierzchni wody - lilie wodne, bryłki, orzechy wodne, a jeszcze głębiej - gryzonie pływające. Tworzy się tu torf sapropelowy - ciemny muł torfowy z resztkami korzeni i innymi dużymi częściami roślin.

Po nim następuje pas zanurzonych roślin wypełniający cały słup wody łodygami i liśćmi. To siedlisko Uruchi, Cuckold i Broadleaf Rhodes. Za nimi znajduje się pas podwodnych łąk wykonanych z roślin nieosiągających powierzchni wody - glonów (hara, nitella) i niektórych skał wąskolistnych.

Ostatni pas to siedlisko mikroskopijnych glonów bentosowych - niebiesko-zielonych, zielonych i okrzemków. We wszystkich ostatnich pasach jest już zdeponowany prawdziwy sapropel (inaczej mówiąc gittiya).

W miarę jak sapropel, torf sapropelowy i torf gromadzą się, poziom dna wzrasta, a pas roślinności przemieszcza się w głąb jeziora. Pas zatopionych roślin przenosi się do centralnej części jeziora, a jego miejsce zajmują poprzednie pasy. Po pewnym czasie otwarte okna wodne są magazynowane tylko w środku zbiornika, a następnie zarastają. W ten sposób jezioro w końcu staje się bagnem. Początkowym etapem powstawania takiego bagna jest roślinność turzycowa z zaroślami trzcinowymi w jego środku.

Nie ma wątpliwości, że proces zalewania zbiorników wodnych trwa dość długo. Jednak przy eutrofizacji zbiorników (napływ substancji odżywczych i organicznych) ich prędkość gwałtownie wzrasta, a zarastanie zbiornika przebiega dosłownie na naszych oczach.

Ta ścieżka zarastania jest typowa dla stref leśnych i stepowych. W wodach tundry rośliny wód przybrzeżnych nie rozwijają się dobrze ze względu na niskie temperatury, ale w strefie leśnej jedynie płytkie i niezakłócone wody zarastają w sposób opisany powyżej. W każdym przypadku spłycenie jest warunkiem wstępnym dla intensywnego zarastania zbiorników wodnych. W dużych i głębokich zbiornikach wodnych, przybrzeżne gąszcze (lub stopy), po zajęciu działki w pobliżu brzegu, prawie nie ruszają się dalej.

Procesy zarastania obserwowane są wszędzie w zbiornikach (choć mają charakter lokalny), gdzie występują rozległe płytkie wody i występuje okresowy spadek poziomu wody (A.A.Nitsenko, 1967, 1972).

Zbiorniki wodne mogą również zarastać poprzez tworzenie się stopu (tzw. zibuna), kiedy warstwa mchów i roślin naczyniowych unosi się od brzegu do środka zbiornika wodnego (Rys. 2). Stop jest zazwyczaj związany z brzegiem. Można je tworzyć tylko w małych zbiornikach o stałym poziomie wody, braku wiatru, turbulencji i separacji gazów dennych, ponieważ wszystko to niszczy rosnący stop (A.A.Nitsenko, 1967).

Stopy naziemne pojawiają się najpierw na brzegu, a następnie przemieszczają się w głąb lądu do jeziora, stopniowo zwiększając jego grubość. Martwe szczątki roślin opadają na dno tworząc osady torfowe.

Pionierami zarastania są cinquefoil, zegarek biało-skrzydłowy, który wyróżnia się długimi i mocnymi kłączami. W bardzo spokojnych wodach występują również stopy sphagnum. Niektóre rośliny przybrzeżne mogą rozwijać silne i długie pływające kłącza w wodzie, które tworzą sieć na powierzchni wody. Komórki tej swoistej sieci wypełnione są opadłymi liśćmi i martwymi częściami roślin (szmaty, upadek). Podłoże to jest zamieszkiwane przez inne rośliny (turzyce, mchy, itp.), które przyczyniają się do powstawania i rozwoju stopu.

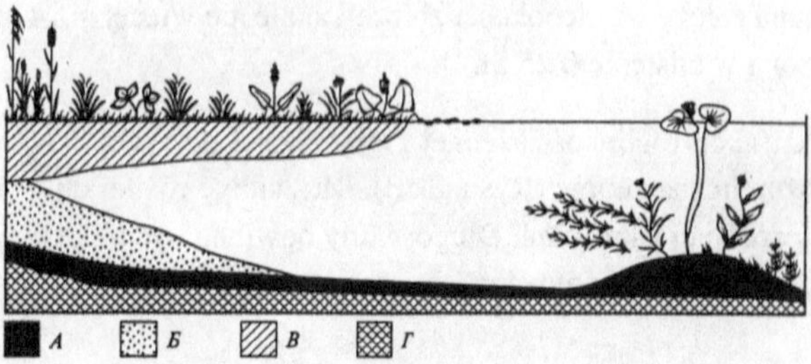

Rys. 2. Przerost zbiornika przez zwiększenie stopu:

A - sapropel; B - muł torfowy; C - stopy torfu; D - gleba mineralna.

Wiatr i fale mają tendencję do zakłócania tworzenia się zarówno stopów powierzchniowych jak i masowych. Dlatego też zarastanie zbiornika rozpoczyna się na chronionym zawietrznym brzegu. Wzór ten został nazwany Prawem Klinge (A.A.Nitsenko, 1967).

Czasami zarastanie zbiorników wodnych nie występuje od brzegu, lecz w znacznej odległości od niego, a jest spowodowane unoszeniem się mułu lub torfu. Zjawiska takie obserwuje się w małych jeziorach torfowiskowych, gdzie w wyniku intensywnej separacji gazów powstają warstwy mułu torfowego zakopanego na powierzchni dna lub w zbiornikach, gdzie pływa murawa lub torf z zalanych bagien. Szczególnie powszechne są stopy jezior bagiennych, sphagnum i torf turzycowy. Obszary pokryte zarośniętymi roślinami z głębokim systemem korzeniowym są niezwykle rzadkie (A.A.Nitsenko, 1967, 1972). Pop-up materiał torfowy jest szybko wypełniony szmatami wegetatywnymi i zaludniony przez różne rośliny. Proces ten jest podobny do tworzenia się powierzchniowych i powierzchniowych stopów nadylowych.

NARZĘDZIA DO ZBIERANIA I REJESTRACJI ROŚLINNOŚCI PRZYBRZEŻNEJ

Rośliny zanurzone w wodzie lub pływające na jej powierzchni mogą być wyciągane z brzegu lub łodzią za pomocą specjalnych narzędzi. Do jakościowego zbierania wody używane są zgrabiarki trzy- i sześciostopniowe (rys. 3). Zęby mają około 15 cm długości i wygięte są na około jednej trzeciej ich długości. Długość słupa zależy od głębokości zbiornika, ale nie więcej niż 4 metry. Tyczka jest oznaczona w odstępie 0,25 m.

Do ekstrakcji roślinności dennej z głębokości powyżej 2,5-3 m stosuje się kotwy z różną liczbą zębów (Rysunek 3). Muszą być różnej długości, z długimi zębami na przemian z krótkimi. Długość liny powinna być kilka razy większa niż głębokość, na której wykonywana jest praca.

Rys.3. Niektóre urządzenia do zbierania przybrzeżnych roślin wodnych:

1 - grabie wodne; 2 - nóż sierpowy; 3 - kotwice; 4 - drag Ramensky; 5 - drag hydrobiologiczny; 6 - plecionka.

Pogłębiarka Ramensky służy do jakościowej zbiórki roślin dennych (rys. 3). Ma owalny kształt, 35 cm długości, z workiem z rzadkiej tkaniny. Szerokość w części środkowej - 20 cm. Zęby o długości 3 cm są przyspawane do górnej części ramy, lekko wygięte na zewnątrz. Stosuje się również czworoboczną pogłębiarkę hydrobiologiczną z zębami (Rys. 3). Do oglądania dna i podwodnych zarośli wygodnie jest używać maski dla nurków.

Różne ramy o powierzchni 1; 0,5 i 0,25 m2 (kwadratowe i prostokątne) są stosowane w zbiorowiskach wszystkich grup roślin do ilościowego rozliczania wegetacji (liczenie liczby łodyg, określanie rzutu i pobieranie szczęk). Wykonane są one z drewnianych listew, rur aluminiowych i plastikowych oraz innych lekkich materiałów, aby utrzymać je na powierzchni. Lamele malowane są białą farbą i oznaczane co 5-10 cm. Dodatkowo, na łatach wykonane są małe wsporniki do naciągania linek siatki podziałki. Dla wygody, ramy powinny być składane lub składane. Liczenie roślin odbywa się przy spokojnej pogodzie. (Wskazówki dotyczące monitorowania hydrobiologicznego ekosystemów słodkowodnych, 1992).

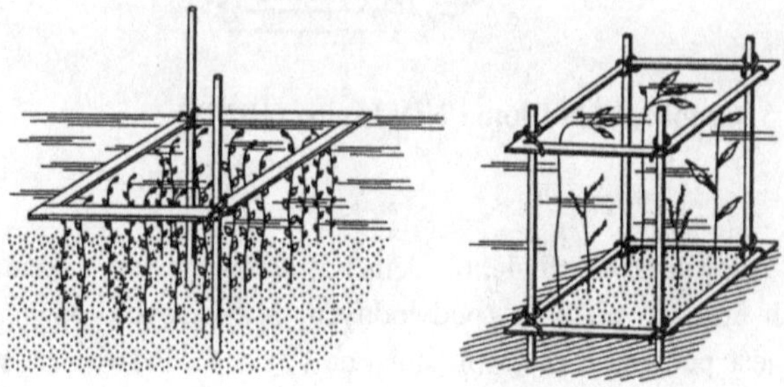

Rys. 4. Wzmocnienie ramy przed koszeniem roślin wód przybrzeżnych

Dla wszystkich rodzajów rozliczania ilościowego zakładów wodno-brzeżnych konieczne jest stosowanie różnych metod montażu ramowego. Przy ręcznym zbieraniu w zbiorowiskach małych roślin dennych (na głębokości 0,2-0,3 m) rama jest opuszczana do dołu i nakładana na zbiorowisko. W zbiorowiskach roślin zanurzonych, pływających i niskich (do 1 m) wznoszących się nad wodą rama jest nakładana, a w stanie pływającym na powierzchni wody jest wzmacniana z dwóch przeciwległych narożników (po przekątnej) przez specjalne słupy (Rys. 4). W środowiskach roślinnych wznoszących się wysoko nad wodą stosuje się składaną ramę. Wsuwa się ją w trawę z boku, a następnie mocuje się ramę. Wszystkie rodzaje pracy z ramą są możliwe do głębokości 2 m lub mniejszej. Na głębszych obszarach rozliczanie roślinności z ramą nie jest wiarygodne.

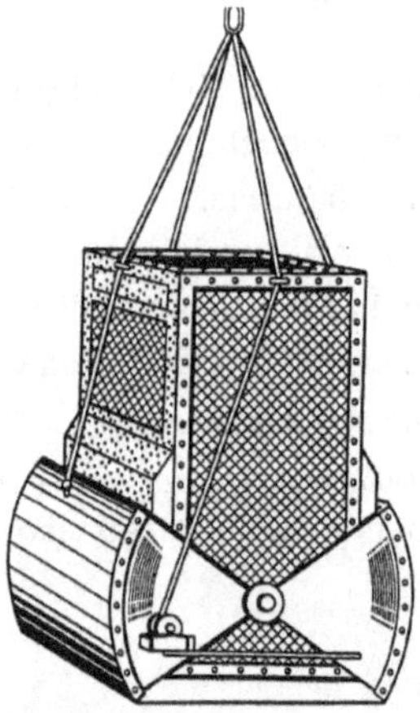

Rys. 5. Grubacz A.N.Lipin i N.N.Lipina (1939)

Przy pracy na płytkich głębokościach w zaroślach, które składają się z roślin należących do różnych grup (podwodnych, pływających, powierzchniowych), wygodna jest podwójna rama prostokątna (Rys. 4). Pływające, składane ramy czworokątne wykonane z lekkich rur siatkowych (powierzchnia 0,25 m2) są najwygodniejsze do ilościowego rozliczania i doboru wysięgników. Podczas pracy rama jest wciśnięta w ziemię; rośliny znajdują się wtedy wewnątrz ramy i nie są tracone.

Przy pobieraniu próbek do liczenia biomasy używa się kosy o krótkich ostrzach (20-25 cm) z długą rękojeścią, sierpowatym nożem (Ryc. 3) i przerośniętych roślinach. Wygodne jest koszenie roślin na głębokość 1,5-2,5 m; w głębszych miejscach koszenie jest trudne i niewygodne.

Krzewy (lub kosy do zarośli) są przystosowane do wycinania roślinności z określonych obszarów.

Grubownica A.N.Lipina i N.N.Lipina (1939) ułożona jest na zasadzie pogłębiarki (rys. 5). Jest to metalowa skrzynka, której ściany i górna część są pokryte dużą siatką. Wiadra podobne do tych z pogłębiarki są przymocowane do dolnej części skrzyni. Boki i dno kubełków, które zbiegają się podczas zamykania urządzenia, są nacinane i ostrzone, co zwiększa linię cięcia i daje większą przyczepność na niekoszonej roślinności. Powierzchnia chwytaka gąszczowego wynosi 0,1 m2. Urządzenie jest spuszczane na wodę za pomocą liny lub strzałki zamontowanej na łodzi. Gęstownica może być używana do rozliczania fitomasy zanurzonych zarośli roślinnych, zarówno na płytkiej, jak i głębokiej wodzie.

Najszerzej stosowanym w badaniach roślinności wodnej jest gąszczowiec S. Bernatowicza (Guidelines for Hydrobiological Monitoring of Freshwater Ecosystems, 1992). Składa się on z dwóch metalowych ram (20 x 40 cm), które są zamocowane ruchomo na osi podporowej sprężyny (Rys. 6). W pozycji otwartej są one kwadratem o boku 40 cm. Każda rama wyposażona jest w zęby wycięte z grubej blachy. Na długich bokach ramy długość zęba wynosi 8 cm, na krótkich zęby są stopniowo skracane w kierunku osi podparcia. Gdy aparat się zamyka, zęby jednej ramy wchodzą w szczelinę między zębami drugiej. Na osi, która łączy dwie ramy, znajdują się trzy silne sprężyny. Każda ramka posiada uchwyt do otwierania urządzenia. Łańcuchy są przymocowane do mechanizmu spustowego w narożnikach ramy. Trzymają urządzenie otwarte.

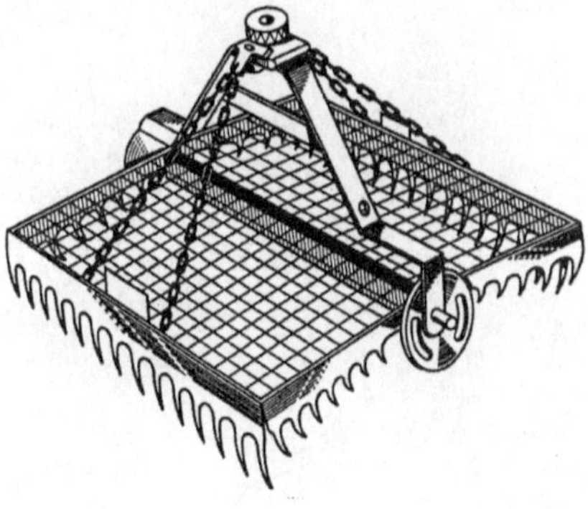

Rys. 6. Grubasek S. Bernatowicz

Urządzenie jest opuszczane na linę w gąszczu. Sprężyny są uruchamiane za pomocą ładunku posłańca, rama zamyka się i wycina społeczność roślinną (powierzchnia 1/6 m2). Urządzenie polecane jest do stosowania w zbiorowiskach roślin zanurzonych oraz roślin z pływającymi liśćmi.

Do pobierania próbek fitomasy i liczenia liczby roślin wykorzystywane są gąszcze T.D. Slepukhina (1976), N.I.Kashkina (1957), V.I.Booth i N.V.Booth

(1980). Z gąszczy typu pułapkowego do pobierania próbek stosuje się gąszcze I.V.Starostin (1958) i N.N.Zhgareva (1979).

Najdokładniejsze ilościowe zbieranie roślin wodnych na dużych głębokościach jest uzyskiwane przy pomocy technik nurkowych. Równoległe zbieranie makrofitów dna morskiego przy pomocy pogłębiarek dało 1,5 raza niższe wyniki w porównaniu z danymi uzyskanymi przez nurków (A.A.Kalugina-Gutnik, 1975).

OPIS I MAPOWANIE ROŚLINNOŚCI

Przy mapowaniu i opisywaniu roślinności badanego zbiornika stosuje się takie pojęcia jak *populacja ogólna* i *pobieranie próbek*. W przypadku opisu roślin jednolitej części wód lub jej oddzielnych części (zatoka, odcinek rzeki itp.) ogólnym agregatem jest cała roślinność tej części wód lub jej odcinka. Pobieranie próbek w tym przypadku to opis lub zbiór roślin w kilku miejscach badań.

Przed przystąpieniem do pracy nad opisem i mapowaniem roślinności zbiornika wodnego konieczne jest zapoznanie się z materiałami literackimi, kartograficznymi i innymi o przedmiocie badań (W.M.Katańska, 1981). Na początek konieczne jest wykonanie rozpoznawczego obejścia akwenu (lub jego części) łodzią lub wzdłuż brzegu, aby zapoznać się z charakterem rozmieszczenia roślinności i głównymi cechami ich granic. Podczas takich objazdów prowadzony jest dziennik, w którym zapisywane są informacje na temat prawidłowości rozmieszczenia zbiorowisk roślinnych, ich składu, warunków środowiskowych oraz wykonywane są szkice poglądowe rozmieszczenia zbiorowisk. Podczas pracy zalecamy stosowanie narzędzi do zbierania roślin, takich jak grabie, kotwice i pogłębiarki.

Na podstawie szczegółowych badań uzyskuje się pełną charakterystykę roślinności zbiornika z podziałem i klasyfikacją jednostek roślinności, cechami ich struktury, ekologii, rozmieszczenia w obrębie zbiornika lub zajmowanego terenu. Opracowanie szczegółowej mapy rozmieszczenia roślinności w całym zbiorniku wodnym i jego poszczególnych obszarach.

Małe akweny wodne wykorzystują dowolny środek transportu na wodzie, podczas pracy na dużych akwenach - motorówkę lub łódź. Od czasu do czasu należy zejść na ląd, aby zapoznać się z rodzajem płytkiego zarastania wodą.

Obserwacje aerobotaniczne i zdjęcia lotnicze (możliwe jest wykorzystanie samolotów bezzałogowych) (A.P.Belavskaya, 1994; I.L.Korelyakova, 1977) są bardzo pomocne w pracach geobotanicznych nad zbiornikami wodnymi podczas mapowania roślinności. Przy użyciu lekkiego sprzętu do nurkowania, dane dotyczące jakościowych i ilościowych opłat za nurkowanie są dokładniejsze niż w przypadku łodzi. Metodologia badania roślinności i jej mapowania jest opisana bardziej szczegółowo w pracach A.P.Belavskaya (1969) i V.M.Katanskaya (1981).

W celu graficznego przedstawienia rozmieszczenia roślinności w zbiorniku wodnym oraz określenia obszaru zarastania przez poszczególne zbiorowiska roślinne, konieczne jest posiadanie map lub planów o dużej skali z zaznaczonymi na nich głębokościami. Dla silnie zarośniętych obszarów zbiornika wodnego konieczne jest posiadanie dużych planów, na których można zastosować pojedyncze fitocenozy.

Mapowanie nie powinno ograniczać się do stosowania wyłącznie wyraźnie widocznej roślinności przybrzeżnej. Należy wyznaczyć granice zanurzonych zbiorowisk roślinnych (zanurzonych i bentosowych). Do ich identyfikacji powinny być użyte odpowiednie narzędzia i instrumenty.

Wspólnotowe mapy dystrybucji mogą być generowane z łodzi poprzez pomiar odległości i długości różnych rodzajów roślin za pomocą sznurka pomiarowego. Pomiarów dokonuje się przy pomocy ruletki w pobliżu i na brzegu. Wyznaczony obszar podzielony jest bojami lub kamieniami milowymi na kwadraty, w obrębie których nanosi się na mapę kontury zbiorowisk roślinnych. Roślinność jest również mapowana za pomocą zdjęć lotniczych.

Rys. 7. Ogólny widok kabla pomiarowego po jego rozciągnięciu

W najbardziej typowych miejscach zarastania zbiornika znajdują się profile, transekty, na których zapisywana jest roślinność. Pozwala to na ustawienie szerokości (w obrębie transektu) roślinności. Szerokość pasów roślinności, jak również fitocenoza są określane przez oznaczenia na sznurku. Uzyskane materiały są wykorzystywane do sporządzania map zarastania zbiornika.

Routing profili i transekt odbywa się za pomocą kabla pomiarowego (Rys. 7). Wygodnie jest oznaczyć przewód szmatami lub flagami w różnych kolorach. Należy pamiętać, że sznury (w tym syntetyczne) rozciągają się w czasie, dlatego należy je okresowo mierzyć ponownie. Do opisu roślinności pływającej i dennej należy używać sznurków z karabinkami, do których przymocowane są pływaki z jasnego, jaskrawo kolorowego materiału.

Na małych akwenach wodnych (stawy, rzeki, małe jeziora) sznurek jest rozciągany od wybrzeża do wybrzeża. W dużych zbiornikach wodnych sznur jest rozciągany w zarastającej płytkiej wodzie nieco ponad granicą rozmieszczenia roślin. Sznur najlepiej jest rozciągnąć od wody do brzegu (rys. 7).

Jeśli płytka woda jest ogromna, a szerokość pasa roślinności przekracza 250 m, wykonuje się kilka przechyleń sznurka. Oba końce w tym przypadku wzmacniają się na bojach.

Liczba profili, które należy umieścić w zbiorniku wodnym w celu ilościowego określenia i mapowania roślinności zależy od charakteru zarastania i jego wielkości. W zbiornikach wodnych o słabo zarysowanej linii brzegowej i niewielkiej różnorodności biotopów i roślinności można ograniczyć układanie jednego lub dwóch profili.

W zbiornikach wodnych o złożonej linii brzegowej oraz w dużych zbiornikach wodnych o dużej liczbie biotopów, liczba profili może być znacznie większa i są one układane w najbardziej charakterystycznych miejscach.

Przy tworzeniu map rozmieszczenia roślinności wód przybrzeżnych stosuje się symbole do oznaczania różnych jednostek roślinności (związków, grup związków, formacji), które są do niej stosowane. Wielu badaczy używa własnych ikon i luków. Rośliny nadziemne są zazwyczaj oznaczone pionowymi liniami z różnymi dodatkami; rośliny pływające są oznaczone pionowymi liniami z okręgami liści itp. Nie jest możliwe opracowanie symboli dla wszystkich roślin. Rzadkie widoki mogą być identyfikowane za pomocą cyfr, liter lub losowych ikon.

Mapy określają obszar zajmowany przez roślinność w zbiorniku wodnym, jak również obszar poszczególnych zbiorowisk.

Schemat może być wykorzystany do oceny wzrokowej przerostu zbiornika wodnego (K. Starmach, 1954):

1 - nieistotne (od 1/ 100 do 1/ 50 powierzchni) - 1-2%;

2 - małe (1/50 do 1 / 10 powierzchni) - 3-10%;

3 - średnia (od 1/10 do 1/5 powierzchni) - 11-20%;

4 - duża (od 1/5 do 1/3 powierzchni) - 21-35%;

5 - bardzo duża (1/3 do 1/2 powierzchni) - 36-50 %;

+ 5 - zarastanie jest nadmierne, ponad 50% powierzchni pokrywa roślinność.

Opis roślinności jest produkowany w miejscach rozliczeniowych o różnej wielkości. Liczba i wielkość miejsc rozliczeniowych do określenia liczby, zasięgu rzutowego i innych elementów struktury fitocenozy zależy od stanu trawy, jej jednorodności i innych oznak.

Opis fitocenoz produkowany jest na powierzchniach próbnych o wielkości około 100 m2, zwykle w formie kwadratu o wymiarach 10 x 10 m. Obszary próbne są tworzone w najbardziej charakterystycznych miejscach dedykowanej społeczności roślinnej o mniej lub bardziej jednolitych warunkach ekologicznych. Granice obszarów testowych czasami umieszcza się na oku, zaznaczając je na wybitnych roślinach, a dokładniej mierząc boki kwadratu słupkiem, taśmą mierniczą, sznurkiem pomiarowym. Fragmenty wspólnotowe są opisane w całości.

W geobotanicznym opisie fitocenozy na badanym obszarze należy zwrócić uwagę na ogólny stan fitocenozy, jej fizjonomię, skład roślinny, liczebność gatunków, cechy ich położenia na tym obszarze (równomierne, w paskach, plamach, grupach itp.). Wskazuje poziom, wysokość roślin w warstwach, powłokę projekcyjną, witalność, stan fenologiczny.

W formularzu opisowym podano również charakterystykę warunków wzrostu roślin: głębokość wody na granicach gminy, temperaturę wody, skład mechaniczny osadów dennych. Należy zwrócić uwagę na stopień wpływu człowieka i zwierząt na fitocenozę.

Przy opisywaniu fitocenozy podaje się jej skład gatunkowy; rośliny, których nazwy badacz nie zna (lub nie ma wątpliwości), otrzymują nazwę umowną. W warunkach laboratoryjnych jest on dalej definiowany przez kopię ziołową.

O znaczeniu danego gatunku w fitocenozie decyduje jego przynależność do określonej formy życia, stan populacji, jej liczebność i występowanie. *Liczebność gatunku* w zbiorowisku to jego ilość, która może być wyrażona różnymi wskaźnikami: liczbą osobników na jednostce powierzchni; masą materii organicznej produkowanej przez gatunek; przestrzenią zajmowaną przez osobniki gatunku (V.M.Ponyatovskaya, 1964). Tak więc liczebność gatunku jest stopniem jego udziału w fitocenozie (pod względem liczby osobników, pokrycia projekcyjnego, masy, itp.)

Aby oszacować *liczebność* osobników niektórych gatunków, istnieje kilka skal, z których najbardziej powszechna jest Surowa Skala Oka (O. Drude, 1913). W tej skali stopień zasobności danego typu jest wskazywany przez punkty (słowa lub liczby).

Skala szacunkowej liczebności gatunków dla Drudy, wynik:

Soc. (Sociales) - 6 (rośliny są obfite, tworzą tło, zamykają się);

Gliniarz. $_3$ (copiosae) - 5 (bardzo wiele roślin);

Gliniarz. $_2$ - 4 (wiele roślin);

Gliniarz. $_1$ - 3 (jest sporo roślin);

Sp.(sparsae) - 2 (rośliny w małych ilościach);

Sol. (solitariae) - 1 (rośliny są pojedyncze);

Un. (unicum) - + (występują pojedyncze egzemplarze);

Gr. (gregarius) - gr. (rośliny występują w grupach).

Lista roślin z oznaczeniami obfitości gatunków przez Drudę nazywana jest *kwalifikowaną.*

Objętościowa liczebność roślin (stopień wypełnienia słupa wody swoimi łodygami i liśćmi) oznacza stosunek sumy przestrzeni zajmowanych przez ten gatunek do całkowitego słupa wody zajmowanego przez zbiorowisko. Obfitość objętościowa jest wyrażona jako funkcja pokrycia i wysokości roślinności w stosunku do powierzchni i głębokości biotopu.

Wzór jest używany do obliczania obfitości objętościowej roślin:

$$V = \frac{\sum v\, h \sum p}{H\, n S}$$

gdzie: v jest to objętość przenikana przez gałęzie każdej rośliny;
V to objętość wody nad powierzchnią dna zajmowaną przez daną społeczność;
h to średnia wysokość roślin;
n to liczba roślin;
H to średnia głębokość wody w miejscu, które jest zajmowane przez daną społeczność;
$\sum$ p/n to średnia wielkość obszaru projekcji roślin na dole;
S to obszar całego biotopu;
$\sum$ v/V - obfitość objętościowa;
h/H - względna wysokość roślinności;
$\sum$h/nS - średnie pokrycie na różnych poziomach.

Obfitość występowania każdego z gatunków roślin zależy od wielu czynników, przede wszystkim od okresu wegetacyjnego.

Liczbę (zagęszczenie, gęstość) określa się poprzez liczenie liczby roślin lub ich pędów (w kłączach) na jednostkę powierzchni. Obliczenia te są wykonywane w miejscach rozliczeniowych o powierzchni 0,5 m2.

Gęstość gatunkowa w zbiorowisku jest określana poprzez pomiar odległości pomiędzy podstawami poszczególnych okazów jednego lub więcej gatunków na danym terenie (metoda odległości, metoda pomiaru).

Powierzchnia powłoki, czyli rzutowa powłoka, jest to powierzchnia rzutów poziomych roślin na powierzchnię gruntu (dno) i wyrażona jest jako procent powierzchni próbnej, którą przyjmuje się jako 100%. Rozróżnia się pomiędzy ogólnym pokryciem projekcyjnym, pokryciem warstwowym i obfitością projekcyjną - pokrycie projekcyjne niektórych rodzajów. Prawdziwym pokryciem jest obszar dna zajmowany przez podstawy łodyg roślin (V.M.Ponyatovskaya, 1964; A.G.Voronov, 1973).

Definicja pokrycia projekcyjnego odbywa się za pomocą ramy kwadratowej o powierzchni 0,5 lub 1,0 m2 z siatką w skali rozciągniętej w co 10 cm, a także za pomocą najprostszych urządzeń - siatki, siatki lustrzanej i widelca do skali (L.G.Ramensky, 1938). Powłoka projekcyjna jest również określana przez oko. W badaniach tras metoda ta znajduje szerokie zastosowanie.

Występowanie gatunków, określone jako odsetek stanowisk badawczych, na których napotyka się ten gatunek, z całkowitej liczby stanowisk, ustanowionych w fitocenozie, wyraża całkowity wynik uwzględnienia jednorodności rozmieszczenia gatunku i jego liczebności (V.M.Ponyatovskaya, 1964 r.). Innymi słowy, występowanie jest częstotliwością, z jaką gatunek jest znajdowany na stanowiskach próbnych. Określa się go poprzez zarejestrowanie całego składu florystycznego w każdym miejscu rozliczeniowym określonym w obszarze testowym fitocenozy. Wielkość platformy rozliczeniowej waha się od 0,1 do 1,0 m2, a ich liczba wynosi 25-50 lub więcej. Spotkanie jest obliczane jako procentowy stosunek liczby miejsc rozliczeniowych, w których napotkany jest zakład, do całkowitej liczby miejsc rozliczeniowych.

Witalność to stopień adaptacji gatunku w fitocenozie. Różnią się one następującymi stopniami żywotności gatunku (A.G.Voronov, 1973):

3a - gatunek w fitocenozie przechodzi pełny cykl rozwoju, normalnie rozwija się, kwitnie i wydaje owoce;

3b - gatunek w fitocenozie przechodzi wszystkie etapy rozwoju, ale nie osiąga normalnych rozmiarów;

2 - Rozwój wegetatywny jest niższy niż normalnie, roślina nie wydaje owoców, ale nie traci zdolności do kwitnienia i wydawania owoców;

1 - gatunek jest uciskany, słabo wegetuje, nie dochodzi do odnowy nasion.

Objętość instalacji określa się poprzez zanurzenie jej w zbiorniku pomiarowym i obliczenie objętości wypartej przez nią wody.

Następnym krokiem w badaniach nad roślinnością przybrzeżną i wodną jest *opisanie związków.* Dla dość jednorodnego obszaru zarastania stosuje się najczęściej wspomnianą już metodę transektową. Opisując roślinność wód przybrzeżnych, wycięto pas o szerokości 0,2-1 m pod kątem prostym do linii brzegowej, aż do dolnej granicy wzrostu roślin. Opisane są tylko te rośliny, które dostały się do transektu jako podstawa.

Tworzenie miejsc pilotażowych nie mieści się w żadnym ogólnym schemacie przy opisie roślin wodnych, ponieważ to naukowiec na miejscu decyduje o ich lokalizacji. Duże znaczenie ma konfiguracja linii brzegowej, głębokość wzrostu roślin, przejrzystość wody i inne czynniki, które decydują o rozmieszczeniu roślin. Sposób opisu roślinności, zakładki i opis stanowisk oraz transektu zostały omówione w pracy W.M. Ponyatowskiej (1964).

Opisanie wspólnoty roślinnej pozwala na odniesienie jej do konkretnego stowarzyszenia. *Stowarzyszenie* jest główną jednostką klasyfikacji fitocenoz. Nazwa związku jest zwykle podawana w nomenklaturze binarnej: pierwszy wyraz składa się z nazwy rodzajowej dominującego gatunku z dodatkiem końcówki *"etum"* do jego korzenia, a drugi wyraz składa się z nazwy rodzajowej sodominatora z dodatkiem końcówki *"osum"*. Gdy dominuje kilka gatunków, podaje się nazwę tego samego rodzaju. Czasami podawana jest nazwa gatunku dominującego. Prostszym sposobem nazwania jest wymienienie gatunków, które dominują w skojarzeniach. W tym przypadku znak (-) oddziela gatunki z różnych grup ekologicznych (poziomów), a znak (+) łączy gatunki z jednej grupy. Poniżej, jako przykład, podane są nazwy kilku assositions: Uruty spikelet z harą (Myriophyllutum spicati charosum); aloeid telorese z lilią (Stratiotetum aloides nymphaeosum); i trzcina pospolita z rodem kolczastolistnym (Phragmitetum australis perfoliati-potamogetonosum).

HERBARYZACJA HYDROENERGETYCZNA

W celu wyjaśnienia składu gatunkowego i ochrony roślin wód przybrzeżnych, konieczne jest ich ziołowanie. Zioło (od lat. *zioło* - trawa) - zbiór specjalnie zebranych i wysuszonych roślin (zwykle w prasowanym papierze). Herbarium jest ważne nie tylko dla badania systematyki roślin, ale także dla zapoznania się z florą tego czy innego regionu i prowadzenia badań naukowych. Suszone i oznakowane rośliny to dokument, którego nie można zastąpić rysunkiem lub najdokładniejszym opisem. Metody herbaryzacji roślin, w tym także nadbrzeżno-wodnych, opisane są w monografii A.K.Skworcowa (1977).

Przy zbieraniu roślin zielnikowych wymagany jest kartonowy folder o wymiarach 35 x 50 cm lub 40 x 50 cm, papier (gazeta, folia, filtr) złożony na pół (arkusz o wymiarach 45 x 60 cm) oraz koparka do wykopywania roślin.

Najlepiej zbierać rośliny w czystą, suchą pogodę. Najdogodniejszym czasem na to jest 10-11 godzin. Rośliny zbierane do zbioru powinny być suche, wolne od rosy i deszczu (dla roślin lądowych). Na prześcieradle umieścić 1-2 kopie dużych roślin i 10-12 małych, tak aby prześcieradło było przez nie w pełni zajęte.

Aby zrobić zielnik zebrać 2-3 kopie normalnie rozwiniętych roślin, bez uszkodzeń, z kwiatami i, jeśli to możliwe, z owocami, korzeniami i innymi podziemnymi organami. Tak więc wszystkie części rośliny powinny być reprezentowane w zielniku: system korzeniowy lub system kłączy, formacje podziemne i powierzchniowe, wszystkie rodzaje wegetatywnych pędów nie kwitnących, wszystkie szczeble łodygi i liście pędów kwitnących (kwiaty, owoce, nasiona) oraz organy zimujące. Jeśli roślina jest dwuliścienna lub niecałkowicie dwuliścienna (organy płci przeciwnej są obecne w stanie niedorozwiniętym), oba rodzaje muszą być zebrane w różnych ilościach. Jeżeli rośliny tego samego gatunku, rosnące w różnych warunkach, nieznacznie zmodyfikowane, przyjmuje się je we wszystkich odmianach.

Znaczenie tego czy innego narządu dla badań morfologicznych i taksonomicznych może być różne. Na przykład, organy podziemne mają duże znaczenie w osadach, owoce w parasolkach i dojrzałe nasiona w goździkach.

Rośliny o zwiewnych łodygach i liściach wznoszących się nad wodą, zwykle rosnące na niewielkiej głębokości, wykopuje się za pomocą różnych narzędzi - noży, łopatek, koparek, grabiących lub wyciąganych ręcznie.

Gleba wykopanej rośliny wymaga wstrząsnięcia lub oczyszczenia. Świeżo zebrane rośliny są równo ułożone na kartkach papieru i teczce z ziołami. Małe rośliny mogą być umieszczone w kilku egzemplarzach na jednym arkuszu. Duże rośliny powinny być pocięte na kawałki i umieszczone na kilku arkuszach. W dużych roślinach konieczne jest wycięcie niektórych części i umieszczenie kilku segmentów każdego typu organów tak, aby widoczne były ślady sztucznego usuwania. Na przykład cykuta ma część odciętego korzenia, kilka liści, część parasola.

Jeśli roślina jest wysoka i nie bardzo rozgałęziona, łodyga powinna być wygięta kilka razy pod jednym lub drugim kątem, tak aby cała roślina zmieściła się na jednym arkuszu. Łodygi powinny być wygięte pod kątem, a nie wygięte w łuk, aby dać fałszywe wrażenie charakteru ich wzrostu.

W odniesieniu do każdego gatunku, który ma być zebrany, należy kierować się jego zmiennością i zbierać przypadki reprezentujące średni typ najbardziej charakterystyczny dla danej populacji. Pęknięte, zjedzone lub uszkodzone, uciskane i chore rośliny nie są zalecane.

Na liściach ziołowych rośliny umieszcza się tak, aby widoczne było położenie liści na łodydze, pąkach, kwiatach i owocach, a także na dolnej stronie liścia.

Cienkie i delikatne rośliny (np. pręty) umieszcza się pod wodą na arkuszu ciężkiego papieru i rozkłada. Papier jest następnie delikatnie wyjmowany z wody o jedną krawędź i umieszczany w teczce. Jeśli z jakiegoś powodu nie można tego zrobić bezpośrednio w miejscu zbiórki, zakład jest umieszczany w plastikowym worku i transportowany do bazy ekspedycyjnej. Tutaj umieszcza się je w rowach z wodą i umieszcza na kartce ciężkiego papieru. Po usunięciu arkusza z kleistą rośliną na nim, podać wodę do odpływu, odessać nadmiar wody z kawałkiem bibuły filtracyjnej i umieścić roślinę w teczce ziołowej. Niektórzy autorzy zalecają owijanie roślin wodnych w tkaninę przed układaniem.

Zebrane rośliny mogą pozostać w folderze nie dłużej niż 24 godziny. Zazwyczaj papier w folderze jest szybko zwilżany i trzeba go wymienić na świeży papier.

Rośliny, zebrane podczas zwiedzania, zapewniają działającą etykietę. Wskazuje miejsce zbioru, warunki siedliskowe rośliny, zbiorowisko, stopień rozmieszczenia gatunków (pojedynczo, w grupach, rzadko, itp.), datę zbioru i nazwę kolektora. Szczegółowe zapisy mogą być dokonywane w dzienniku, a zakład może być zaopatrzony w etykietę z odpowiednim numerem.

Suszenie roślin - jedna z ważnych czynności w przygotowaniu zielnika, gdyż w dużej mierze zależy ona od jego jakości. Proces suszenia wymaga odpowiedniego zaopatrzenia w suchy papier oraz podkładki, które są używane do przenoszenia arkuszy roślinnych po umieszczeniu ich pod prasą. Funkcja uszczelek jest dwojaka: wyrównywanie ciśnienia pod prasą i pochłanianie wody uwalnianej z zakładu podczas suszenia.

Rośliny szorstkie powinny być umieszczone na powierzchni złożonego arkusza, a nie wewnątrz niego. Rośliny z mięsistymi częściami powinny być oddzielone od innych roślin za pomocą kilku pustych arkuszy (uszczelek). Mięsiste, soczyste rośliny opuszcza się na krótki czas (od kilku sekund do 5 minut) we wrzątku lub prasuje gorącym żelazem przed suszeniem. Bulwy, cebulki i kłącza są cięte wzdłuż, a także gotowane. Rośliny z delikatnymi i szybko gasnącymi częściami należy umieścić na bibule filtracyjnej i ostrożnie rozprowadzić. Duże kwiaty muszą być otwarte. Aby uzyskać najlepsze rezultaty, zaleca się położenie warstwy waty lub poczwórnie złożonej bibuły filtracyjnej na naciągniętym kwiecie.

Suszenie roślin w prasie botanicznej. Prasa składa się z dwóch ram 35 x 45 cm, na których naciągnięta jest siatka druciana. Rośliny muszą być odpowiednio sprasowane, aby zapobiec ich deformacji podczas suszenia. Aby uzyskać dobrą prasę, konieczne jest prawidłowe, równomierne ułożenie roślin, ułożenie wystarczającej liczby uszczelek, aby znaleźć optymalny stopień dokręcenia prasy. Grubość stosu z roślinami musi być jednolita.

Siatki (prasy) są wieszane na zewnątrz, lepiej na słońcu i w dobrze wentylowanych miejscach. W prasie rośliny wysychają w ciągu 5-7 dni. Podczas pierwszych dwóch dni suszenia roślin papier jest wymieniany na papier suchy 1-2 razy dziennie. Folder musi być czyszczony przez noc.

Zakończenie procesu suszenia jest uwarunkowane zniknięciem żywej zieleni. Aby ustalić, czy rośliny wyschły czy nie, wystarczy zdjąć je z liścia zielnika. Suche rośliny zwisają; suche rośliny stają się elastyczne.

Suszone rośliny są przenoszone na czyste arkusze 42 x 30 cm roślin i są dostarczane z czystymi etykietami napisanymi tuszem lub tuszem. Powinny one zawierać następujące dane: instytucja będąca właścicielem zielnika, rodzina, klan, rodzaj rośliny, autor, położenie geograficzne obszaru, siedlisko roślin (las, łąka, bagno), rzeźba terenu, podłoże (piasek, skała itp.), stopień rozmieszczenia (pojedyncze, rzadkie, obfite), nazwę rośliny, która zebrała i określiła roślinę.

Wypełniona etykieta informacyjna jest dokumentem naukowym. Rozmiar etykiety jest różny, ale najczęściej używane są 10 x 7; 14 x 9 lub 12 x 10 cm. Etykieta jest zazwyczaj umieszczana na dolnej prawej krawędzi arkusza herbu. Do klejenia należy używać kleju.

PRODUKCJA BIOMASY I ROŚLINNOŚCI PRZYBRZEŻNEJ

Określanie produktów podstawowych, w tym produkowanych przez roślinność przybrzeżną i wodną, jest jednym z głównych zadań hydrobiologii. Wynika to z faktu, że materia organiczna tworzona przez rośliny, a także w społecznościach lądowych, jest podstawowym pożywieniem dla wszystkich organizmów heterotroficznych.

Na obszarach przybrzeżnych (littorale) większość materii organicznej jest produkowana przez przybrzeżno-wodne rośliny. A w małych i płytkich zbiornikach wodnych (stawy rybne, małe rzeki, jeziora i zbiorniki) produkty wytwarzane przez roślinność wodną są współmierne do produkcji fitoplanktonu, a niekiedy nawet ją przekraczają.

Przed przystąpieniem do szczegółowego rozważenia metod określania biomasy i produktów roślinności wód przybrzeżnych konieczne jest wyjaśnienie terminologii tych pojęć, ponieważ specjaliści często używają zupełnie innych terminów dla tego samego pojęcia: "zbiór", "fitomasa", "materia roślinna", "wydajność", "produkcja" itp. (I.M.Raspopov, A.P.Belavskaya, 1973).

Międzynarodowa Unia Nauk Biologicznych opracowała obszerny program badawczy dotyczący produktywności biologicznej biocenoz lądowych i wodnych. Do prowadzenia tych badań powołano Międzynarodowy Program Biologiczny (IBE).

W 1966 roku, w celu ujednolicenia terminów i pojęć stosowanych we współczesnej literaturze, Komisja Terminologiczna IBRD zatwierdziła pojęcia związane z produktami podstawowymi.

Biomasa to masa żywej materii nagromadzona w ekosystemie w danym czasie na danym obszarze.

Biomasa roślin (synonim *fitomasy*) - masa żywych i martwych roślin, ale zachowała już swoją budowę anatomiczną na pewnym obszarze.

Maksymalna biomasa to biomasa roślin osiągnięta w szczytowym momencie rozwoju zbiorowiska roślinnego w danym okresie wegetacyjnym.

Struktura biomasy - stosunek części podziemnych i naziemnych roślin oraz części rocznych i wieloletnich, fotosyntetycznych i niefotosyntetycznych roślin.

Szmaty są martwymi częściami roślin, które zachowują mechaniczne połączenie z rośliną.

Opad - ilość martwej roślinnej materii organicznej wprowadzanej do wspólnoty. Zazwyczaj termin ten jest używany dla organów roślinnych naziemnych, natomiast termin depresja jest używany dla umierających organów podziemnych.

Podściółka - masa złóż wieloletnich pozostałości roślinnych o różnym stopniu mineralizacji.

Wzrost - masa organizmu lub zbiorowiska organizmów nagromadzonych na jednostce powierzchni w jednostce czasu.

Prawdziwy wzrost to stosunek wartości wzrostu do wartości spadku na jednostkę czasu na jednostkę powierzchni.

Produkcja pierwotna - ilość substancji organicznej wytworzonej przez autotrofy na jednostkę powierzchni przez pewien okres czasu.

Całkowita lub brutto produkcja pierwotna to całkowita ilość materii organicznej wyprodukowanej przez autotrofy podczas fotosyntezy na określonym obszarze w określonym czasie. Wartość ta jest również nazywana fotosyntezą brutto.

Produkcja pierwotna netto - ilość substancji organicznej wytworzonej przez autotrofy w procesie fotosyntezy na jednostkę powierzchni przez pewien okres czasu, minus pewna ilość wydawana przez producentów na utrzymanie życia (podczas oddychania).

Absolutnie czysta produkcja pierwotna - ilość substancji organicznej syntetyzowanej przez autotrofy na jednostkę powierzchni przez pewien okres czasu minus straty związane z utrzymaniem życia producentów, martwe organy, spożycie roślin i ich części przez różne heterotrofy.

Szybkość cyklu biologicznego jest to okres czasu, w którym pierwiastek chemiczny przechodzi od wchłonięcia go przez substancję żywą do opuszczenia substancji żywej.

Roślinność z biomasy

Badanie produktywności zbiorowisk roślinności wód przybrzeżnych opiera się obecnie głównie na określeniu masy roślinności metodą wagową w okresie ich maksymalnego rozwoju. Maksymalna biomasa roślin jest warunkowo równa ich rocznej produkcji. Wartości te, jak wykazały badania, nie zawsze są zbieżne, ponieważ roczna produkcja może przekroczyć maksymalną biomasę, a różnica między nimi jest czasami znaczna (A.P.Belavskaya, 1969; I.M.Raspopov, 1978).

Dla ilościowego ujęcia roślinności wodnej konieczne jest przede wszystkim określenie składu gatunkowego biocenozy, określenie charakteru rozmieszczenia roślin według obszaru oraz stopnia zarastania zbiornika. Konieczne jest ustalenie ekologicznych cech wzrostu roślin dominujących (I.M.Raspopov, 1962).

Przed rozpoczęciem prac, jak również przy opisie roślinności, należy przeprowadzić rozpoznanie strefy przybrzeżnej akwenu i szczegółowo (na razie tylko wstępnie) zbadać rosnącą tam roślinność. Zewnętrzne granice wzrostu roślin są zaznaczone na mapie. Obszary pobierania próbek są oznaczone słupkami, linami (jeśli obszary są duże) lub kwadratową ramką (w przypadku mniejszych obszarów). Następnie opisz ugrupowania roślinne przy użyciu metod i technik geobotanicznych. Przykłady opisu roślinności przybrzeżnej i wodnej są dostępne w wielu pracach (W.K.Bogaczow, 1950; W.A.Ekzertsev, 1960; A.P.Belavskaya, 1969; etc.).

Na początek wybiera się najbardziej charakterystyczne stanowisko badawcze (około 100 m2), na którym określa się biomasę roślinną (Metody Ujednolicone..., 1976). Do pobierania próbek roślinności powietrzno-wodnej rosnącej w pobliżu brzegu lub na niewielkiej głębokości stosuje się te same narzędzia, co w przypadku roślin lądowych: nożyczki, nóż, sierp, kosę ze skróconą częścią tnącą, grabie itp. Ta metoda pobierania próbek jest nazywana metodą "wycinania". Roślinność z pływającymi liśćmi, a także roślinność zanurzona (do głębokości 70-80 cm) jest wyrywana ręcznie.

Jedną z głównych metod zbierania biomasy jest metoda miejsca próbnego (metoda kwadratowa). Istotą metody jest to, że próbki (wysięgniki) do oznaczania biomasy są pobierane w najbardziej typowych miejscach opisywanej roślinności od 0,25 do 1,0 m2 powierzchni. Rama kwadratowa lub prostokątna jest używana do ograniczenia miejsca badania. Dla roślin z pływającymi liśćmi zaleca się przyjmowanie wycinków o powierzchni od 2-4 m2. Dla gęstej, jednorodnej społeczności (np. trzciny) wystarczy 0,5 lub 0,25 m2. Konieczna powtarzalność i wielkość miejsc w każdym przypadku zależy od złożoności i zagęszczenia zbiorowiska roślinnego oraz specyfiki jego składu.

Rama drewniana lub z lekkiego metalu jest używana do ograniczenia powierzchni oparcia. Cięcie i selekcja wszystkich roślin z ich podstawami na ograniczonej przestrzeni. Liczba powtórzeń waha się od 3 do 5-10, w zależności od typu społeczności (V.A.Ekzertsev, 1958). Małe miejsca rozliczeniowe są przejmowane w większych ilościach; to samo dzieje się w niejednorodnych społecznościach. W gminach o niewielkiej ilości trawy zaleca się zajmowanie kilku miejsc rozliczeniowych w różnych częściach większej powierzchni, w obrębie 1,0 m2. Bez względu na wielkość stanowiska badawczego, wszystkie rośliny znajdujące się na nim i ich podziemne części muszą zostać wycięte lub wykopane.

Koszenie na głębokościach powyżej 1-1,5 m, przy czym rośliny koszone są kosą z łodzi. Przy cięciu roślin kosą pracuje się na dwóch: jedna kosi, a druga wybiera cięte rośliny. Sadzonki są myte z dala od zanieczyszczeń, oczyszczane z krzewów i sortowane na grupy. Każde żądło jest opatrzone etykietą i zapisane w dzienniku.

Do zbierania zatopionej roślinności na stosunkowo dużych głębokościach używane są różne narzędzia hydrobiologiczne - pogłębiarki o różnej konstrukcji, zgarniaki, pogłębiarki, a w niektórych przypadkach sprzęt do nurkowania. Jeżeli do pobierania próbek biomasy, które mają bardzo mały obszar zlewni, stosuje się różne rodzaje zarośli, należy wykonać tak wiele spadków (pobieranie próbek), aby objąć obszar co najmniej 0,25 lub 0,5 m2. Pojedynczy wybór przez urządzenie o małej powierzchni nie daje wiarygodnych wyników.

Modyfikacja metody terenowej to metoda transektowa, której istotą jest rejestrowanie roślin od pasa o określonej szerokości (od 0,2 do 1 m) pod kątem prostym do linii brzegowej do otwartej części akwenu. Pas jest ograniczony linami oznaczonymi na całej długości, a wszystkie rośliny, które dostały się do tej przestrzeni są wybierane (I.M.Raspopov, 1969; W.A.Ekzertsev, 1966).

Na dużych głębokościach można zabrać śliwki nurkując w lekkich kombinezonach lub nurkując z rurką. Stosowana jest malowana na biało metalowa rama. Rośliny są zbierane ręcznie i pakowane w worki. Przeszkodą w zbieraniu roślin jest turbulencja osadów dennych. Mimo to, ta metoda szarpania na większych głębokościach daje bardziej wiarygodne wyniki niż inne metody pobierania próbek.

Odległość pomiędzy transektami zależy od wielkości akwenu, stopnia równomierności wzrostu roślinności oraz celów badań. Rejestracja i pobieranie próbek odbywa się sekwencyjnie, na przykład od wybrzeża do ostatniego metra wzrostu rośliny:

1. strefa przybrzeżna (opisywane są grupy roślin i pobierane są próbki);

2. 0 - 5 m - strefa roślin płazowych, głębokość 0,5 m, ziemia - torfowisko (dalszy opis grup roślin i pobieranie próbek);

3. 5 - 25 m - strefa roślin wodnych wysokich (trzcina, róg, itp.), głębokość 0,1-1 m, ziemia - torfowisko (opisane są grupy roślin i pobierane są próbki), itp.

W końcowej obróbce materiału sporządzana jest mapa rozmieszczenia roślinności, ustalane są charakterystyczne typy grup roślinności, analizowane jest ich siedlisko w zbiorniku oraz określana jest biomasa roślin (Unified Methods of Water Quality Research, 1976; Methods of Inland Water Body Biogeocenoses Research, 1975).

Metoda rozliczania biomasy roślin przybrzeżno-wodnych jest inna dla roślin powietrzno-wodnych, roślin z liśćmi pływającymi i zanurzonymi oraz roślin pływających swobodnie (I.M.Raspopov, 1962; A.P.Belavskaya, 1994).

W celu uzyskania wiarygodnych wyników dotyczących biomasy stosuje się te same metody statystyczne, co w geobotanice, biorąc pod uwagę charakterystykę biologiczną roślin wodnych, zwłaszcza podwodnych.

Biomasa roślinności wód przybrzeżnych jest szacowana na podstawie trzech wskaźników (A.G.Voronov, 1973): masa świeżej, świeżo pociętej masy, powietrznie suchej i absolutnie suchej.

Zielone części roślin szybko tracą wodę po ścięciu, więc w celu określenia masy świeżej roślinności natychmiast przeprowadzane jest ważenie. Roślinność wodna jest zasłonięta bibułą filtracyjną i zważona. Otrzymują one wartości biomasy w postaci surowej.

Waga masy powietrzno-suchej zależy od wilgotności powietrza i metody suszenia (w cieniu, na słońcu) oraz charakterystyki miejsc przechowywania, dlatego wyniki mogą być bardzo różne.

Trzecia metoda (waga bezwzględnie sucha) wymaga, aby próbki były suszone w suszarni i szybko ważone, aż do momentu wchłonięcia wilgoci przez próbki. Absolutnie suchą masę uzyskuje się poprzez suszenie w ciągu dnia w suszarni w temperaturze 1050C. Następnie rośliny są schładzane w suszarni lub w workach PE. Ważenie odbywa się natychmiast, ponieważ suche rośliny mogą "pobierać" z powietrza do 10% wilgoci.

W zależności od zadań doświadczalnych stosowane są wszystkie trzy metody rozliczania roślinności wodnej, ale ta ostatnia jest najbardziej preferowana, gdyż pozwala na porównanie wyników uzyskanych przez różnych autorów.

Przed suszeniem zebrany materiał jest płukany lub myty pod strumieniem wody w celu usunięcia mułu, epifitów i zwierząt. Całkowita waga takich produktów ubocznych może niekiedy przekraczać wagę samych roślin. Następnie rośliny są demontowane według gatunków, umieszczane w plastikowych workach i najpierw przechowywane w lodówce w temperaturze około ^{50C} lub zamrażane.

Węglany wapnia i magnezu, które mogą stanowić 50% lub więcej suchej masy roślin, często osadzają się na powierzchni roślin. W celu usunięcia węglanów, zebrane rośliny (jeśli ich ilość jest niewielka) lub zadaszenie (w przypadku dużych ilości) są poddawane działaniu 3-5% roztworu kwasu solnego. Następnie rośliny są spłukiwane wodą i ponownie suszone w termostacie do uzyskania całkowicie suchej masy. Różnica masy decyduje o ilości wytrąconych węglanów. W dalszych obliczeniach biomasy roślinnej wprowadza się odpowiednią korektę.

Biomasa roślinności wodnej wyrażana jest w jednostkach masy na jednostkę powierzchni (g/m2, kg/m2, c/ha) z uwzględnieniem (lub odwrotnie) organów podziemnych w tej wartości. Znając powierzchnię poszczególnych związków i ich biomasę, można obliczyć zasób roślinności dla całego stawu.

Trudniej jest pobierać próbki ilościowe z podziemnych organów roślin, gdyż wiele z nich osiąga znaczne głębokości, np. trzcina cukrowa - do 1 m, skrzyp - 80 cm, zegarek biało-skrzydłowy i trójnolistny - 70 cm, turzyca - 60 cm.

Analiza systemu korzeniowego jest ważna w określaniu biomasy, ponieważ wiele roślin (takich jak kukurydza, trzcina, wszy, lilie) może mieć organy podziemne kilka razy większe niż organy naziemne pod względem biomasy. Stosunek części podziemnej wąskiego rogu liścia do części nadziemnej wynosi więc 2,5:1, szerokiego rogu liścia i trzciny - 1:1, a trzciny jeziornej - 9:1 (N.S.Gaevskaya, 1966). W uformowanych zbiorowiskach organy podziemne (korzenie, kłącza) stanowią 50-100% biomasy roślinnej. Należy jednak pamiętać, że kumulują się one przez wiele lat, więc nie mogą stanowić dużej części całkowitej produkcji rocznej (D. Westlake, 1968). Według innych danych, około połowy masy podziemnej rośnie w ciągu jednego sezonu wegetacyjnego. Wynika z tego, że fitomasa i wiek organów podziemnych powinny być badane równolegle przy określaniu całkowitej produkcji.

W warunkach jesiennego wysychania lub spadku wody (zwłaszcza w zbiornikach) organy podziemne wykopywane są w taki sam sposób jak w przypadku roślin powierzchniowych. W tym celu pobiera się monolity glebowe o określonej wielkości, części podziemne oddziela się od próbek pobieranych mechanicznie lub poprzez płukanie w systemie sitowym.

Zaproponowano trzy metody oznaczania fitomasy organów podziemnych (D. Westlake, 1968):

1. *Usunięcie zakładu.* Roślina jest wykopywana i analizowany jest system korzeniowy. Dla większości roślin o grubym splocie korzeni ta metoda jest nie do przyjęcia. Stosuje się go w przypadkach, gdy możliwe jest wyizolowanie korzeni jednej rośliny.

2. *Metoda małych monolitów.* Do gleby wbijany jest cylinder o średnicy kilku centymetrów. Zawartość cylindra jest pobierana, materiał żywy jest demontowany, a jego masa jest obliczana dla określonej powierzchni. Przy stosowaniu tej metody należy pobrać dużą liczbę próbek w celu uzyskania wiarygodnych wyników. Ta technika pobierania próbek jest odpowiednia do badania wzrostu roślin o gęsto splecionych korzeniach.

3. *Metoda dużych monolitów* (wykopywanie kwadratów). Wybierana jest najwygodniejsza strona (np. 0,5 x 0,5 m). Wszystkie rośliny wraz z podziemnymi organami są wykopywane z placu do wymaganej głębokości. Metoda ta daje mniejszy błąd niż metoda małych monolitów. Dodatkowo można obserwować wzrost podziemnych organów podczas demontażu. Główną wadą jest pracochłonność; trzeba przeanalizować dużą objętość gleby.

Biorąc pod uwagę, że korzenie niektórych roślin są bardzo głębokie, przeprowadza się wstępne badania specjalne: określa się głębokość, na której 80-90% masy korzeniowej jest potrzebne do wykopania. Wyniki są następnie odpowiednio zmieniane.

W celu uzyskania porównywalnych wyników, biomasa roślinna jest przekształcana na jednostki organiczne lub węglowe, tak aby można ją było wyrazić w kategoriach energetycznych (w systemie międzynarodowym 1 kał =

4,19 J i 1 J = 0,24 kału). Jeden gram suchej masy odpowiada około 0,4 g węgla. Wartość kaloryczna roślin wodnych obliczona na podstawie węgla wynosi 4,3-4,8 kcal/g węgla (D.Westlake, 1965).

Należy wziąć pod uwagę, że wartość kaloryczna roślin wodnych różni się w zależności od przynależności do gatunku, fazy fenologicznej rozwoju; różni się również wartość kaloryczna poszczególnych części roślin. Dla przykładu, wartość kaloryczna liści pływających wynosi 3,8 kcal/yr, ogonków liścia - 3,3, a owoców - 4,1 kcal/yr (K.A.Kokin, V.N.Nosov, T.I.Belaya, 1981). Najwyższe spożycie kalorii obserwuje się wiosną i wczesnym latem, przy stopniowym spadku do jesieni. Ponadto, wartości ekwiwalentu energetycznego dla różnych gatunków roślin mogą się znacznie różnić: na przykład dla płazów góralskich i trzciny - 4,2 kcal/yr, najdelikatniejszy, elodey, skrzyp - 3,3-4,0 kcal/yr. Hara, mech, nici mają mniejszy ekwiwalent energii 1,2-2,9 kcal/g. Sztywna roślinność przybrzeżna ma nieco niższe wartości kaloryczne niż rośliny żyjące bezpośrednio w wodzie.

W badaniach rutynowych do określania kalorii stosuje się następujące równanie (E.D.Habibulina, 1977):

$Y = 0.0422X$,

gdzie: Y - wartość kaloryczna suchej masy, kcal/g; X - procent masy organicznej w próbce.

W ten sposób można szybko określić wartość kaloryczną rośliny na podstawie zawartości substancji organicznej w próbce, która nie zawiera popiołu. Należy jednak pamiętać, że zawartość popiołu w różnych częściach tej samej rośliny może się znacznie różnić. Pływające liście kostki zawierają 91% masy organicznej, owoce - 96%, a pedały - 77-79% (K.A.Kokin, V.N.Nosov, T.I.Belaya, 1981).

Metody określania produktów roślinnych na podstawie ich biomasy

Produkty roślinne są przez pewien okres czasu (dzień, miesiąc, rok) nowo powstającą substancją organiczną. Według wielu ekspertów (A.P.Szczerbakow, 1950 r.; W.A.Ekzertsev, 1958 r.; A.P.Belavskaya, 1994 r.) roczna produkcja wyższych roślin wodnych jest równa ich maksymalnej biomasie, w okresie do końca kwitnienia. Dla środkowego pasa Rosji jest to koniec lipca - początek sierpnia; w bardziej południowych regionach jest to lipiec.

Metoda ta nie uwzględnia jednak dożywotnich odchodów roślin, obumierania liści i łodyg, wyrzucania organów rozrodczych, zjadania przez zwierzęta. A wartości te mogą być znaczące i w sumie mogą przekraczać tzw. "biomasę u źródła". Dlatego też niektórzy eksperci uważają, że nie do końca właściwe jest przyjmowanie maksymalnej biomasy jako produktu, a dla niektórych gatunków roślin (takich jak elodeia) jest to całkowicie niedopuszczalne. Jego roczna produkcja jest około 5 razy większa od wiosennej biomasy (E.V.Borutsky, 1950).

Na początek należy zauważyć, że maksymalna ilość fitomasy może odpowiadać produktowi (oczywiście, biorąc pod uwagę powyższe) tylko wtedy, gdy początkowa biomasa roślinna jest bardzo niska (D.Westlake, 1965). Na przykład w trzcinie, rogu, roczny wzrost roślin zaczyna się od zera, od korzenia, podczas gdy elodea, rodos, mchy wegetują przez cały rok.

W wodzie słodkiej zwierzęta mogą jeść od 3 do 90% roślinności wodnej (N.N.Smirnov, 1961; N.S.Gaevskaya, 1966), a odpady żywnościowe podczas karmienia mogą przekraczać ilość spożywanej żywności kilkakrotnie (N.S.Gaevskaya, 1958). Nic dziwnego, że przy określaniu produkcji pierwotnej jeziora Ładoga biomasa trzcinowa wzrosła latem, podczas gdy liczba pędów na badanych obszarach zmniejszyła się (I.M.Raspopov, M.A.Rychkova, 1969).

Ponadto prawie wszystkie makrofity, w przeciwieństwie do roślin lądowych, tracą średnio 15% rocznej produkcji w okresie wegetacyjnym w postaci opady (D.Westlake, 1965). Obserwacje wzrostu i spadku trzciny, dokonane na jeziorze Ładoga, wykazały, że straty te w okresie letnim stanowią 15-20% rocznej produkcji (I.M.Raspopov, M.A.Rychkova, 1969). Podobne obserwacje podwodnych roślin jeziora Onega wykazały, że w okresie wegetacyjnym masa zniszczonych liści wynosiła średnio 7%. Dlatego też zbieranie i księgowanie martwego materiału organicznego (opada) może w pewnym stopniu zrekompensować te straty i umożliwić wprowadzenie niezbędnych współczynników korygujących przy obliczaniu produktów. Nie należy zapominać, że wraz z naturalnym upadkiem część liści i pędów jest zjadana przez zwierzęta wodne (N.S.Gaevskaya, 1966). W związku z tym przy obliczaniu produktu należy dokonać korekty uwzględniającej upadek, wysiadanie i inne straty.

Specjalne eksperymenty i obserwacje prowadzone są na stałych miejscach lub na poszczególnych roślinach, aby lepiej zająć się kwestią wartości współczynnika P/B. Poprzez określenie wzrostu roślin i różnych strat w okresie wegetacyjnym, oblicza się współczynniki korygujące w celu uzyskania wartości produkcji biomasy.

Tak więc, E.V.Borutsky (1950) przeprowadził szczegółowe badania produkcji elodeia, która wegetuje przez cały rok. Wczesną wiosną rośliny sadzono w drewnianych skrzyniach wypełnionych piaskiem i eksponowanych na różnych głębokościach zbiornika przez cały rok. W roślinach wcześniej obliczano liczbę i wielkość starych i młodych gałęzi, pąków, liści. Ponadto ich sucha masa była oznaczana w różnych fazach wzrostu i w różnych miesiącach sezonu. Pudełka były okresowo wyjmowane ze zbiornika i obliczano wzrost różnych organów. Te skrupulatne badania wykazały, że produkcja elodeia jest 5 razy większa niż jej biomasa.

Do analizy wzrostu korzeni i kłączy eksperci zalecają przeprowadzenie badań nad uprawą niektórych roślin w specjalnych paletach zanurzonych w stawie, wypełnionych ziemią lub osadami. W niektórych przypadkach wskazane jest uprawianie roślin na stosunkowo dużych powierzchniach. W tym celu na dnie zbiornika wykopuje się zagłębienie, wykłada folią plastikową i sadzi się rośliny. Nie jest konieczne wykopywanie dołka w celu wyhodowania słabo ukorzenionych roślin; folię kładzie się na dnie i przykrywa glebą. Folia polietylenowa pozwala na dotarcie do roślin bez uszkadzania systemu korzeniowego. Techniki hydroponiczne są czasami wykorzystywane do badania rozwoju organów podziemnych.

Dlatego dla właściwego porównania biomasy i produkcji wyższej roślinności wodnej konieczne są specjalne doświadczenia na stałych (stałych) stanowiskach lub staranne obserwacje poszczególnych roślin. W ten sposób, określając wzrost i zanikanie roślin w okresie wegetacyjnym oraz rozwój systemu korzeniowego, można obliczyć współczynniki korygujące, aby określić nie tylko produkcję poszczególnych roślin przez ich biomasę, ale także całych zbiorowisk.

Ta eksperymentalna metoda ma wielki potencjał. Eksperymenty mogą być przeprowadzane nie tylko na punktach stacjonarnych w warunkach naturalnych, ale również w laboratoriach. Umożliwiają one badanie nie tylko biomasy i produktów roślinnych, ale także cech biologicznych i ekologicznych w monokulturze i społeczności. Praca taka wymaga w każdym przypadku opracowania specjalnych technik, metod i sprzętu.

Wiele danych pokazuje, że wartości współczynnika P/B nie są stałe i roczna produkcja roślin wodnych może się znacznie różnić od ich maksymalnej biomasy.

Jest również oczywiste, że w zależności od warunków klimatycznych i innych, wartość współczynnika P/B może się różnić dla tego samego gatunku.

Dlatego w praktyce badań hydrobiologicznych roczna produkcja netto roślin wód przybrzeżnych jest obliczana według wzoru zaproponowanego przez I.M.Raspopova (1972):

$P = 1{,}2\ Vmax,$

gdzie: *P* - produkcja roczna; *Vmax* - maksymalna biomasa.

Dla roślin z pływającymi liśćmi, wzór

$$P = 1{,}2\ Vmax + wn,$$

gdzie: *w oznacza* średnią masę liścia; *n* oznacza liczbę zmętnień bez liści.

Wynika to z faktu, że pływające liście roślin (w szczególności w wardze żółtej, rodesty pływające itp.) są w okresie wegetacji odnawiane około trzy razy (I.M.Raspopov, 1972).

Metody oznaczania produktów roślinnych za pomocą wartości fotosyntezy

Modyfikacja tlenowa metody kolbowej. Miarą produkcji pierwotnej jest tempo tworzenia się materii organicznej w czasie. Wiadomo, że fotosynteza, a więc tworzenie się materii organicznej, zachodzi tylko w świetle z udziałem chlorofilu, pochłaniającego dwutlenek węgla i wolny tlen. W ten sposób, określając ilość pochłoniętego CO2 lub ilość uwolnionego O2 podczas fotosyntezy, można uzyskać wyobrażenie o wartości produkcji pierwotnej.

W badaniach fitoplanktonu po raz pierwszy zastosowano oznaczenie produkcji roślinnej poprzez pomiar dynamiki rozpuszczonego w wodzie tlenu lub zużycia dwutlenku węgla $^{\text{oznaczonego symbolem 14C}}$ w zamkniętych naczyniach (fiolkach) przez pewien okres narażenia. Później metody te zostały rozszerzone na wyższe rośliny wodne.

Istotą metody oznaczania produkcji w kolbie jest umieszczenie w przezroczystym naczyniu (ze szkła, pleksiglasu itp.) wody z pędami fitoplanktonu lub roślin i wystawienie jej w stawie na kilka godzin. W jasnej fiolce przeprowadza się fotosyntezę z produkcją tlenu, w ciemnej fiolce - oddychanie (odpowiednio przy zużyciu tlenu). Różnica pomiędzy stężeniem tlenu na początku i na końcu eksperymentu (w jasnych i ciemnych fiolkach) determinuje produkcję i zniszczenie.

Przy określaniu produkcji wyższych roślin wodnych metodą fiolkową należy umieścić pęd całej rośliny (lub jej części) w zbiorniku i wystawić go w zbiorniku na kilka godzin. Ponieważ fiolka zawiera również fitoplankton, jego produkty są definiowane oddzielnie, tak aby produkty wyższej rośliny mogły być obliczane oddzielnie. Produkty te są przeliczane na jednostkę masy makrofitu.

Fitoplankton ze względu na swoje niewielkie rozmiary jest stosunkowo równomiernie rozłożony w naczyniu (batometrze), z którego wypełniane są jasne i ciemne fiolki. Zakłada się, że stężenie fitoplanktonu we wszystkich fiolkach produktów jest identyczne. Objętość fiolek produkcyjnych w tym przypadku nie przekracza 100-150 ml, w których określa się stężenie tlenu (A.P.Sadchikov, 2003). Zanurzone rośliny wodne jako obiekt są mniej wygodne (w porównaniu z fitoplanktonem) do oznaczania produkcji pierwotnej metodą kolbową.

Roślinność wodna to przede wszystkim duże obiekty. W celu określenia ich produktów konieczne jest użycie szerokiej kolby o dużej pojemności, co nie zawsze jest wygodne podczas pracy w terenie. Jednak mimo to metoda ta jest szeroko stosowana w badaniach hydrobiologicznych.

Przy określaniu produkcji makrofitów, cała roślina (lub jej część) jest umieszczana w fiolkach produkcyjnych - dwie jasne i jedna ciemna (co stanowi minimalną ilość). Fiolki wypełnione są wodą pobraną z zarośli makrofitów. Trzy fiolki z produktem (dwie jasne i jedna ciemna) są jednocześnie napełniane wodą w celu określenia produkcji fitoplanktonu. Napełniana jest również jedna seria fiolek w celu pomiaru początkowego stężenia tlenu w nich.

Fiolki produkcyjne z makrofitami i fitoplanktonem są umieszczane w zbiorniku, na głębokości wzrostu roślin. Czas ekspozycji może wahać się od 0,5 do 2-4 godzin (maksymalnie 6 godzin), ponieważ dłuższy czas ekspozycji może prowadzić do efektu kolby hamującej (A.A.Potapov, 1956; I.T.Astapovich, 1967; A.P.Sadchikov, 2003).

Po wystawieniu na działanie promieni słonecznych roślinę wyjmuje się z fiolki produkcyjnej za pomocą pincety, suszy do absolutnej suchej masy i waży. Jeśli zakład posiada osad wapienny, jest on poddawany działaniu 3-5% roztworu kwasu solnego. Produkty są obliczane na jednostkę masy makrofitu.

W kolbach z produktem (jasnych i ciemnych) stężenie tlenu jest mierzone metodą Winklera lub elektrochemiczną. Ponadto mierzone jest również stężenie tlenu w kolbach z fitoplanktonem, tak aby można było oddzielnie określić produkcję makrofitów i mikroalg; wartości O2 w naczyniach z makrofitami są odejmowane od stężenia O2 w naczyniach z fitoplanktonem.

Obliczanie produkcji makrofitów odbywa się w dwóch etapach.

1. Stężenie O2 w kolbach do produkcji makrofitów (po naświetlaniu) odejmuje się od wartości stężenia tlenu w kolbach do produkcji fitoplanktonu, aby otrzymać tylko wartości produkcji makrofitów. Następnie oblicza się produkty i niszczy się same makrofity.

2. W odróżnieniu od produktów fitoplanktonowych, produkty makrofitowe wyrażane są na jednostkę masy roślinnej, tak jak w serii fiolek produktów umieszczanych w różnych masach makrofitów.

Obliczanie produktów brutto (*Pg*) i netto (*Pn*), a także niszczenie (*D*) makrofitów odbywa się według następujących wzorów:

$Pg = ("c - "t")/t \quad W$ (mg $_{O2}$/g - h);

$Pn = ("c - "n")/t \quad W$ (mg $_{O2}$/g - h);

$D = ("n - "t")/t \quad W$ (mg $_{O2}$/g - h);

gdzie: t - czas ekspozycji (h); W - masa makrofitu (d), zredukowana do objętości naczynia doświadczalnego z makrofitem (l); "c - końcowe stężenie tlenu z makrofitem w kolbie jasnej (mg $_{O2}$ /l); "t - końcowe stężenie tlenu z makrofitem w kolbie ciemnej (mg $_{O2}$ /l); "n - stężenie tlenu w kolbie przed doświadczeniem (mg O2 /l).

Z podanych wzorów wynika, że przy definiowaniu produkcji makrofitów (w odróżnieniu od fitoplanktonu) należy brać pod uwagę wielkość produkcji fiolki i wagę rośliny. Wszystkie obliczenia, odpowiednio, są wykonywane z uwzględnieniem tych wskaźników, więc rośliny o tej samej wadze i wielkości są wybierane do doświadczenia.

Przy oznaczaniu produkcji makrofitów metodą kolbową należy zwrócić uwagę na następujące kwestie.

Fiolki (naczynia) o stosunkowo dużej objętości służą do pomieszczenia całej rośliny (np. mchu, spirogyry, rdestu, elodeia itp.). Naukowcy używają do tego celu statków o pojemności od 1 do 34 litrów i więcej (I.T.Astapowicz, 1972; A.P.Sadchikov, 1976; W.M.Chromov, A.P.Sadchikov, 1976), z którymi nie zawsze jest wygodna praca w warunkach polowych.

Rośliny w różnych fazach wzrostu produkują różnie (A.P.Sadchikov, 1976). Ma to wpływ na rozprzestrzenianie się wyników, gdy w eksperymencie używa się wielu fiolek.

W przypadku stosowania dużych roślin (np. prętów) nie zawsze możliwe jest umieszczenie całej rośliny w naczyniu. Najczęściej górna część jest odcięta od niej i odsłonięta oddzielnie. Czasami w eksperymentach wykorzystywane są również inne części rośliny. Należy jednak pamiętać, że intensywność fotosyntezy poszczególnych części rośliny jest różna; koniuszkowa część rośliny ma wyższe wskaźniki produkcji niż niższa, co prowadzi do przeszacowania wyników produkcji pierwotnej.

Roślina cięta jest najczęściej wystawiana na jednej głębokości, ponieważ dość trudno jest wystawiać próbki na głębokości od powierzchni do 0,5-0,8 metra (tzn. wystawiać każdą część jednej rośliny na głębokości jej położenia).

Woda przybrzeżna jest mętna, a większość promieniowania słonecznego jest uwięziona w górnych warstwach zbiornika. Wiele roślin jest przystosowanych do warunków słabego oświetlenia, a nawet krótkie ekspozycje na warstwę wierzchnią mogą zmienić szybkość procesów fizjologicznych. I tak, w 10-centymetrowej warstwie zbiorników Rybińskoje, Gorki, Uglichskoje, Tsimlyanskoje i jezior obwodu leningradzkiego pochłaniane jest do 56% przenikliwego promieniowania słonecznego, a w warstwie 30-centymetrowej - 67-92% (W.A.Rutkowskaja, 1961). W związku z tym poszczególne części zakładu, położone na różnych głębokościach, znajdują się w różnych warunkach oświetleniowych, co sprawia, że ich cechy produkcyjne są bardzo zróżnicowane.

Zanurzone rośliny wodne mają jamy powietrzne, które u różnych gatunków wynoszą 1,5-7 cm3/g (S.Hejny, 1960), u *Potamogeton pectinalis* - do 25% objętości rośliny. Podczas fotosyntezy tlen najpierw gromadzi się w jamach powietrznych roślin, a następnie powoli dyfunduje do ośrodka. Dlatego też stężenie tlenu w lakunach nie zawsze jest proporcjonalne do jego stężenia w wodzie. Ten brak równowagi utrzymuje się przez kilka godzin. Jamy powietrzne pełnią więc rolę zbiorników, z których głównie odbywa się produkcja tlenu podczas fotosyntezy i jego zużycie podczas oddychania. Uszkodzenia zakładu prowadzą do uwolnienia gazów, w tym tlenu, do środowiska. Prowadzi to czasami do dużych różnic w wynikach (I.T.Astapowicz, 1967, 1972). Ponadto, samo uszkodzenie rośliny negatywnie wpływa na wchłanianie składników odżywczych i proces fotosyntezy (I.T.Astapowicz, 1972). Wszystko to uniemożliwia prawidłową identyfikację produktów roślinnych.

W celu wykluczenia (lub przynajmniej ograniczenia) opisanych wyżej negatywnych zjawisk, na roślinę rosnącą w zbiorniku zakłada się kolbę lub inną szeroką kolbę, dokręcając ją miękką gumą (I.T.Astapowicz, 1967, 1972). Żarówka jest przymocowana do specjalnej ramy. W ten sposób badane są produkty normalnej fizjologicznie, ukorzenionej rośliny. Możliwe są tu jednak również błędy, ponieważ część wierzchołkowa rośliny jest fizjologicznie bardziej aktywna niż inne jej części. Ponadto znajduje się on w pobliżu powierzchni zbiornika, w najbardziej sprzyjających warunkach świetlnych.

Aby w pewnym stopniu uwzględnić powyższe trudności metodyczne, eksperci zalecają stosowanie "piórników" i "rękawów" o dużej objętości, które umożliwiają eksponowanie dużych roślin (A.P.Sadchikov, 1976; W.M.Chromov, A.P.Sadchikov, 1976). W innych przypadkach sugeruje się użycie plastikowych lub polietylenowych cylindrów (jasnych i ciemnych), które pokrywają całą roślinę lub grupę roślin poprzez wciśnięcie ich krawędzi w ziemię (R. G. Wetzel, 1964, 1965; A. A. Biocino, 1976). Próbka do analizy jest pobierana przez otwór boczny zamknięty korkiem za pomocą strzykawki. Ta metoda oznaczania produktów ma również swoje wady; istnieje problem związany z absorpcją tlenu uwalnianego podczas fotosyntezy przez organizmy denne.

Podsumowując, zwracamy uwagę na pewne zalecenia, które powinny być wzięte pod uwagę podczas badania produktów roślin zanurzonych przy użyciu metody tlenowej.

Czas ekspozycji nie powinien przekraczać 4-6 godzin. Wynika to z faktu, że przy wysokim tempie fotosyntezy często dochodzi do nasycenia lub przesycenia wody tlenem, co powoduje powstawanie pęcherzyków gazu, a w konsekwencji jego utratę przy oznaczaniu tlenu rozpuszczonego w wodzie. Ponadto, na powierzchni naczyń mogą rozwijać się bakterie. Na ostateczne wyniki eksperymentu może mieć również wpływ peryfiton roślinny. W związku z tym zaleca się (T.N.Pokrovskaya, 1976) określenie produkcji zanurzonych makrofitów z trzech obserwacji, których czas trwania wynosi 8-9, 12-13 i 17-18 godzin. W oznaczonym ośmiogodzinnym okresie czasu zanurzone makrofity, niezależnie od przynależności gatunkowej, wytwarzają około 70% dziennej normy materii organicznej. Dane te, mimo że są bardziej czasochłonne, są bardziej reprezentatywne niż wyniki uzyskane przy długim czasie ekspozycji.

Przy określaniu produkcji roślin wodnych stosuje się zazwyczaj trzy statki (dwa jasne i jeden ciemny), choć liczba ta jest wyraźnie niewystarczająca. Mimo to, trudno jest znaleźć rośliny tej samej wielkości i masy o tej samej aktywności fizjologicznej.

Modyfikacja radiowo-węglowa metody kolbowej. Zasada wyznaczania produkcji pierwotnej metodą radiowęglową opiera się na założeniu, że wprowadzony do kolby tagowany węgiel (zwykle w postaci NaH14CO3) jest włączany w proces fotosyntezy z taką samą prędkością jak nieoznaczony izotop węgla ^{12C}. Znając napromieniowanie oznakowanego węgla *(R)* wprowadzonego do naczyń doświadczalnych, napromieniowanie roślin oznakowanych podczas fotosyntezy (r), zawartość wszystkich form dwutlenku węgla *(Cc) w stawie,* można obliczyć zużycie węgla mineralnego podczas ekspozycji *(t), tj.* produkcji pierwotnej *(P),* wyrażone w jednostkach węgla:

$P = (r\,Sc) / R\,t$ (mg C/l h).

Wzór ten jest używany do określenia produkcji fitoplanktonu (V.D.Fedorov, 1979; A.P.Sadchikov, 2003).

W przeciwieństwie do modyfikacji tlenu w metodzie kolbowej, w której miarą produkcji pierwotnej jest tlen uwalniany podczas fotosyntezy, w modyfikacji radiowęglowej produktów roślinnych ocenia się na podstawie ilości dwutlenku węgla zużytego przez roślinę podczas fotosyntezy. Ilość asymilowanego dwutlenku węgla oblicza się przez wartość wskaźnika zużycia oznaczonego węgla mineralnego ^{14C} oraz całkowitej zawartości węgla mineralnego w wodzie.

Przy definiowaniu produkcji metodą radiowęglową zakłady oczyszczone z peryfitonu i oczyszczone z zawiesiny (jak również metodą tlenową) umieszczane w jasnych i ciemnych naczyniach, dodają pewną ilość NaH14CO3 i wystawiają je na działanie w zbiorniku.

Jeżeli znana jest całkowita zawartość węgla mineralnego w wodzie (*Cq*), aktywność ^{14C} *(R)* dodana do kolby oraz ilość ^{14C} (*r*) oznaczona przez roślinę asymilowaną pod koniec doświadczenia, jej produkcję (*P)* można obliczyć za pomocą wzoru:

$P = r\,Ck / R\,t$ (mg C/g h),

gdzie: *t* - czas narażenia (h); *r - radioaktywność* rośliny po narażeniu pod względem masy okapu (µCi/g); *R* - radioaktywność NaH14CO3 (µCi/g) wprowadzonego do kolby; *Ck* - stężenie węglanów rozpuszczonych w wodzie (mg C/l).

Jak wynika z powyższego wzoru, brakuje w nim masy rośliny doświadczalnej i objętości fiolki (w przeciwieństwie do wzoru produktu mierzonego metodą O2). Wynika to z faktu, że przy obliczaniu produktu zakłada się znajomość wartości radioaktywności całego zakładu (lub jego części), która jest przeliczana na jednostkę masy. Liczba tagów (NaH14CO3) dodanych do pojemnika jest przeliczana na jego objętość.

Pomimo pozornej prostoty metody 14C w zakresie masowej identyfikacji produktów roślinnych pochodzenia wodnego jest ona poważnie ograniczona trudnościami technicznymi i metodologicznymi. Dlatego radiowęglowa metoda identyfikacji produktu znajduje zastosowanie głównie w badaniach eksperymentalnych przy próbach identyfikacji potencjału gatunku, przy badaniu wpływu składników pokarmowych na rozwój roślin, wpływu substancji toksycznych na procesy produkcyjne itp.

Pomimo wad, metody określania produktów na podstawie ich biomasy są obecnie uważane za najbardziej skuteczne, ponieważ izolacja rośliny od jej siedliska i otaczających ją organizmów nie pozwala na określenie wartości jej rzeczywistej produkcji w biocenozie.

ROŚLINY WODNE W BIOCENOZIE WODNEJ

Rośliny wód przybrzeżnych stanowią nie tylko składnik pokarmowy dla organizmów o różnej randze taksonomicznej, ale także ich siedlisko. Różnorodność gatunkowa zwierząt w gąszczach makrofitów jest znacznie większa niż w otwartej części zbiornika; duża jest również liczba i biomasa organizmów planktonicznych i bentosowych. Rośliny stanowią powierzchnię dla wzrostu peryfitonowego; łączą je również związki troficzne i metaboliczne.

Rośliny określają skład gazowy wody, co ma bezpośredni wpływ na wiele grup zwierząt. W gąszczach roślin wodnych ryby różnych gatunków marzą o kawiorze (leszcz, karp, okoń, szczupak, złoty karaś, srebrny karaś, płoć, jajo, płoć, wierzch, ukleja, białe oko, gęś, lin, lin, szczypiorek, pysk, itp.) Istnieje również żywienie młodych i dorosłych osobników, które żywią się różnymi bezkręgowcami i glonami żyjącymi w gąszczach roślinności wodnej i znajdują schronienie przed drapieżnikami.

Bogate w roślinność osady denne są pożywką dla organizmów bentosowych. Zwierzęta denne są jedną z najliczniejszych grup organizmów o dużym znaczeniu ekologicznym i gospodarczym. Spożerają one materię organiczną, biorą udział w samoczyszczeniu zbiorników wodnych, stanowią podstawę żywienia większości gatunków ryb i ptactwa wodnego.

Zbiorowiska roślinne odgrywają istotną rolę w życiu zooplanktonu i innych organizmów wodnych. W zaroślach tworzą się korzystne warunki temperaturowe i gazowe, sprzyjające hodowli i intensywnemu wzrostowi zwierząt. Rośliny zapewniają im bezpieczną przystań i ochronę przed drapieżnikami. Ponad połowa gatunków rozgałęzionych (Cladocera) jest w mniejszym lub większym stopniu związana z roślinami wód przybrzeżnych. W tym celu opracowali specjalne morfologiczne, fizjologiczne i behawioralne adaptacje w trakcie ewolucji (N.N.Smirnov, 1975). Dla większości gatunków ptactwa wodnego zarośnięte rośliny wodne służą jako baza pokarmowa, a rośliny przybrzeżne jako miejsca gniazdowania.

Roślinność wodna nie tylko reguluje stężenie tlenu i dwutlenku węgla w wodzie, ale także wpływa na skład mineralny wody, kwasowość i inne wskaźniki, wpływając tym samym na ekosystem. W gąszczach intensywność procesów fizycznych i chemicznych jest znacznie większa niż w otwartej części zbiornika.

Sprzyjają temu nie tylko same rośliny, ale także ich wzrost (peryfiton), bakterie, plankton i organizmy denne.

Oprócz abiotycznych czynników środowiskowych, na skład i rozmieszczenie roślin wód przybrzeżnych istotny wpływ mają ich relacje z innymi organizmami wodnymi. Od nich zależy stan zbiorników wodnych, ich różnorodność, obfitość zwierząt, glonów, bakterii i grzybów, które je zamieszkują. W gąszczach roślinności wodnej występuje ogromna różnorodność różnych bezkręgowców, których biomasa może osiągać kilkaset gramów na metr kwadratowy powierzchni wody.

Roślinność wodna i bezkręgowce. Roślinność przybrzeżno-wodna odgrywa istotną rolę w życiu różnych bezkręgowców (zooplankton, zoobentos i wypukłości); w gąszczach tworzą się korzystne warunki temperaturowe i reżim gazowy, przyczyniając się do rozmnażania i wzrostu zwierząt. Stanowią one bezpieczną przystań i ochronę przed drapieżnikami. Bogate w roślinność osady denne są pożywką dla fauny dennej. Łagodne zarastanie zbiorników wodnych stwarza korzystne warunki dla rozwoju fitofilnej fauny bezkręgowców planktonowych, które znajdują dogodne warunki do życia. Niektóre zwierzęta wykorzystują zanurzone zarośla tylko podczas składania jaj, tarła, karmienia larwami lub jako schronienie.

W zaroślach roślin występują przedstawiciele wszystkich grup bezkręgowców zamieszkujących akweny słodkowodne: pierwotniaków, mięczaków, skorupiaków, robaków, owadów itp. Większość z nich żyje na powierzchni roślin lub na dnie.

Bentos zbiorników (organizmów zamieszkujących dno) składa się z larw owadów płazów (chironomid i inne grupy owadów dwuskrzydłowych, strumienie, ważki, pieluchy), oligoetów, mięczaków, skorupiaków itp. Największy rozwój osiągają oligoety, chironomidy i mięczaki. Wśród nich dominują oligoety i chironomidy. Te ostatnie determinują sezonowe wahania liczebności bentosu w wyniku migracji dorosłych owadów (imago). Mięczaki i oligoety (w przeciwieństwie do chironomidów) są stałymi mieszkańcami zbiorników, co tłumaczy mniejsze wahania sezonowe ich biomasy w porównaniu z biomasą larw owadów. Mięczaki, żelazomidy i oligoety są pokarmem dla ryb, ptactwa wodnego, wydr, norek i głuszców, które żyją wzdłuż brzegów zbiorników wodnych.

Rozróżnia się również bentos pierwotniakowy i bakteryjny, którego biomasa jest dość duża w wielu zbiornikach, pomimo niewielkich rozmiarów organizmów wchodzących w skład.

Zgodnie z metodą żywienia w składzie bentosu występują fitofagi, środki filtracyjne, drapieżniki, nekrofagi, saprofagi, zdolne do przeprowadzenia pełnego cyklu substancji. Jedną z dominujących grup bentosu są larwy komarów - chironomidy: dominuje kilkadziesiąt gatunków. Różne gatunki dominują w tym samym zbiorniku wodnym w różnych latach. Wynika to z faktu, że masowy rozwój larw tego lub innego gatunku wymaga korzystnego połączenia wielu abiotycznych i biotycznych czynników środowiskowych. Chironomidy odgrywają ważną rolę w samooczyszczaniu się zbiorników wodnych; nie tylko usuwają one materię organiczną, ale także przenoszą ją poza zbiorniki wodne, gdy narażone formy ulatniają się. Wiadomo, że z 1 hektara powierzchni stawów rybnych wylatuje od 14 do 28 milionów owadów, co stanowi 37-42 kg surowej masy żywej materii. W naturalnych zbiornikach wodnych liczba ta wynosi około 20 milionów ex/ha. Chironomid stanowi ponad 50% owadów latających (I.P.Arabina, B.P.Savitsky, S.A.Rydny, 1988).

Jedną z powszechnych grup bentosu słodkowodnego jest niski ściernisko oligochaetes (Oligochaeta). Znajdują się one we wszystkich zbiornikach wodnych, ale duża ich liczba dociera do stojących zbiorników wodnych na błotnistym gruncie i w zanieczyszczonych ściekami wodach. Niektóre oligoety (z rodziny Tubificidae) są mistrzami wśród bezkręgowców żyjących w zanieczyszczonych wodach. W składzie zbiorników słodkiej wody dominują liczbowo oligoety. Liczba poszczególnych gatunków osiąga kilka tysięcy egzemplarzy na metr kwadratowy powierzchni. Większość gatunków to detrytofagi. W zaroślach roślinności wodnej żyją robaki z rodzin Enchytraeidae, Aelosomatidae, Naidididae, Tubificidae.

W zoobentosie, mięczaki są widoczne. Są one istotnym składnikiem biocenozy i odgrywają ważną rolę w biotycznym samooczyszczaniu się zbiorników wodnych.

Gastropod molluscs, czyli ślimaki, są drugim, po owadach, najbardziej zróżnicowanym i ważnym składnikiem słodkowodnego makrobentosu. Większość gatunków żyje w zaroślach roślin wodnych. Tutaj dominują one w społeczności pod względem biomasy. Szczyty hodowlane występują w połowie lata, zbiegając się w czasie z masowym rozwojem makrofitów. W małych ilościach, ślimaki występują w zbiornikach wodnych przez cały rok, przemieszczając się z żywych roślin na dno w chłodnej porze roku; żywią się gnijącymi roślinami i opadami liści. Latem spożywają głównie pokarm roślinny; skubią zielone i obumierające tkanki roślinne, zeskrobują peryfitony lub połykają cząsteczki mułu.

Mięczaki rozmnażają się na roślinach wodnych, tutaj składają jaja, sprzęgła pokryte są przezroczystą galaretowatą skorupą. Z jajek wychodzą małe (około 1 mm) ślimaki ze zlewem. Małe gatunki mięczaków ślimaków żyją przez jedno lato, duże - 1-3 lata.

Wśród małży w gąszczu znajdują się stawy zwyczajne (*Lymnaea stagnalis, L. ovata, L. auricularia, L. truncatula*), fiza (*Physa fontinalis*), bulawiki (*Planorbarius corneus, P. corneus, P. Purpura),* cewki *(Anisus albus, A. vortex, A. contortus, Planorbis planorbis, Armiger crista),* batinia (*Bithynia tentaculata),* śruby *(Valvata piscinalis),* brzuch *(Viviparus contectus),* kubki *(Acroloxus lacustris) i* inne. Wszyscy oni żyją w strefie gąszczu na roślinach, skałach, ślimakach, mułku. Liczba poszczególnych gatunków sięga 500 ex/m2.

Małże żyją na dnie (błocie i piasku) w otwartej części zbiorników wodnych, ale dość często tworzą duże skupiska w przerzedzonych zaroślach roślinności wodnej lub na granicy ich wzrostu. Wszystkie one są filtrami i są silnym czynnikiem w samoczyszczących się zbiornikach wodnych. Większość gatunków (perłowica, bezzębna - *Anodonta stagnalis*, kulki, groszek) porusza się powoli po dnie (pozostając w stanie półzamkniętym). Same gatunki słodkowodne *Dreissena polymorpha mocowane są do* podłoża (rośliny, kamienie, piasek, konstrukcje betonowe, rury) mocnymi gąbkowymi nitkami. Ten gatunek żyje również w słonawych zbiornikach wodnych.

Duże gatunki (zwłaszcza *Perlovitsa - Unio pictorum, U. tumidus, Crassiana crassa*) są bardzo wymagające pod względem zawartości tlenu i żyją w stosunkowo dużych i czystych zbiornikach wodnych; wszędzie można znaleźć mały groszek *(Pisidium amnicum, Euglesa obtusalis*) i kulki (*Sphaeriastrum rivicola, Sphaerium nucleus, Musculium creplini*).

Owady stanowią największy (pod względem liczby gatunków) odsetek słodkowodnego makrobentosu i często dominują w zbiornikach dennych pod względem liczebności i biomasy. Żyją w gąszczach wszelkiego rodzaju zbiorników. Cykl życia owadów obejmuje spoczywające jaja, larwy i stadia rozwojowe imago. Larwa od czasu do czasu rozpływa się w miarę wzrostu", zrzuca z siebie starą skórę, która straciła swoją rozciągliwość i rośnie w zastraszającym tempie, od rozpływania się do rozpływania. Niektóre owady mają stadium pośrednie między larwami a imago, zwykle siedzące, niedożywione i przechodzące złożone transformacje wewnętrzne.

Skorupiaki - duża grupa bezkręgowców, obejmująca zarówno duże formy denne, jak i małe gatunki zamieszkujące słup wody i dno zbiorników. W wodzie słodkiej skorupiaki są najbardziej zróżnicowane w składzie zooplanktonu. Wśród planktonicznych skorupiaków w zaroślach występuje kilka gatunków *Cladocera, Calanoida* i *Cyclopoida* unitów*: Chydorus sphaericus, Sida crystallina, Diaphanosoma brachyurum, Polyphemus pediculus, Bosmina obtusirostris, Scapholeberis mucronata, Eudiaptomus gracilis i Mesocyclops leuckarti.*

W gąszczach roślin zarejestrowano około 100 gatunków skorupiaków fitofilskich. Liczba poszczególnych gatunków raków osiąga 40 tys. sztuk na jednym rdst. Skorupiaki na roślinach zanurzonych są najobfitsze, ich liczba sięga ponad 20 tys. ex/kg roślin. Najczęściej reprezentowane są *Sida crystallina, Simocephalus vetulus, Chydorus sphaericus, Pleuroxus trunkatus* (L.V.Lomakina, 1980).

Wśród zarośniętych skorupiaków znajdują się zarówno gatunki swobodnie pływające, jak i opcjonalnie planktonowe (tj. siedzące na roślinach). Do tych ostatnich należy *Gammarus*, który zamieszkuje roślinność wodną na głębokości około 1 m; w niektórych zbiornikach wodnych bardzo często staje się dominującym gatunkiem wśród organizmów planktonicznych masowo (O.V.Kozlov, A.P.Sadchikov, 2002).

W gęstych zaroślach roślin przybrzeżno-wodnych (osady, skrzypy, trzciny, graby, zaskórniki, trzciny) na dnie gromadzą się rozkładające się pozostałości. Prowadzi to do pogorszenia się warunków siedliskowych zwierząt, a w konsekwencji do gwałtownego spadku różnorodności gatunkowej. Osiołki wodne, oligoety i mięczaki płuc występują w takich zaroślach w dużych ilościach.

TROFICZNA ROLA ROŚLIN WODNYCH

Roślinność wód przybrzeżnych jest wykorzystywana do pokarmów przez zwierzęta różnych grup systematycznych - robaki, ślimaki, skorupiaki, owady, ryby, ptaki i ssaki. Rośliny wodne, jak również roślinność lądowa, dostarczają energii wszystkim ogniwom troficznym łańcucha pokarmowego w strefie litoralowej zbiorników. Hydrobionty zużywają nie tylko żywe części roślin, ale również martwe. Te ostatnie są również rozkładane przez bakterie, grzyby i pierwotniaki, a wraz z detrytusem są usuwane przez różne detrytofagi.

Obecnie znaczenie i rola roślin wodnych w trofice społeczności nadmorskich nie budzi wątpliwości (Gaevskaya, 1966), ale na początku XX w. istniał inny punkt widzenia. Uważano, że gęsto zarośnięte zwierzęta wykorzystywały je tylko jako siedlisko, natomiast bezpośrednie związki troficzne były niezwykle nieistotne. Argumentowano nawet, że zastąpienie roślin szklanymi strukturami o tym samym kształcie i powierzchni nie miałoby znaczącego wpływu na strukturę biocenoz przybrzeżnych. Głównym czynnikiem decydującym o różnorodności gatunkowej i wielkości populacji zarośli jest stopień rozczłonkowania powierzchni liści roślin wodnych.

Jednak dalsze badania obaliły ten błędny pogląd. Całkowita powierzchnia roślin wodnych ma niewątpliwie duży wpływ na żyjące tam zwierzęta, jednak ich rola jako producentów materii organicznej jest ważna nie tylko w trofice litoralu, ale także w całym zbiorniku. Rośliny wód przybrzeżnych stanowią ważny element łańcucha pokarmowego, ponieważ nie ma gatunków, które nie są wykorzystywane do celów spożywczych przez żaden organizm wodny.

Monografia N.S.Gaevskaya (1966) przedstawia uogólniony materiał na temat troficznej roli roślinności wód przybrzeżnych. Autor zwraca uwagę na 314 gatunków roślin wodnych i podmokłych, które są spożywane przez zwierzęta wodne i uważa te wartości za zaniżone. Zarejestrowane zakłady należą do trzech grup środowiskowych: 1) rośliny zanurzone w wodzie; 2) rośliny pływające na powierzchni wody; 3) rośliny częściowo zanurzone w wodzie. Ta ostatnia grupa obejmuje nie tylko rośliny, których system korzeniowy znajduje się w wodzie, ale także rośliny, które są wilgotne i nadmiernie wilgotne.

Ustalenie składu gatunkowego roślin pastewnych dostarcza danych niezbędnych do naświetlenia jakościowej strony badanego problemu. Jednak to jeszcze nie wystarczy, aby scharakteryzować znaczenie roślin w żywieniu zwierząt. W tym celu konieczna jest znajomość ilościowej strony procesu, podkreślenie roślin, które są powszechnie stosowane w żywieniu oraz roślin, które odgrywają skromniejszą rolę w trofeach zwierząt wodnych.

Znaczenie poszczególnych grup roślin wodnych w żywieniu zwierząt jest zróżnicowane. Istnieje znaczna liczba gatunków roślin, które stanowią bazę pokarmową dla wielu gatunków zwierząt wodnych. Jednocześnie zidentyfikowano niewielką grupę roślin, w tym niektóre masowe gatunki o szerokim rozmieszczeniu geograficznym, które w formie żywej są słabo włączone w cykl troficzny zbiorników.

W gąszczu, oprócz relacji troficznych między roślinami i zwierzętami, istnieją inne, równie ważne, zastosowania roślin jako siedliska, podłoża do składania jaj, schronienia i materiału budowlanego. W związku z tym roślina musi być wielofunkcyjna, aby zaspokoić potrzeby zwierząt. W końcu larwy, które wyszły z jaja, złożone na roślinie, zazwyczaj pozostają na niej do życia i jedzenia.

Życie wielu setek różnych gatunków zwierząt jest związane z roślinnością wód przybrzeżnych (Paszkiewicz, Judin, 1978). Tak więc 85 gatunków różnych zwierząt (bezkręgowców i kręgowców) ma powiązania żywieniowe z trzcinowiskami. Liczba takich połączeń w jeżynie sięga 65. Róg szerokolistny jest trofealnie związany z 56 gatunkami, róg wąskolistny z 16 gatunkami, część plantaina z 34 gatunkami, grot strzałkowy z 25 gatunkami. Kontakty pokarmowe organizmów wodnych z najgrubszymi z nich są niezwykle zróżnicowane. Z rodexem trofealnie związanych jest 51 gatunków zwierząt, 35 z rodexem błyszczącym, 34 z rodexem przebijającym liście, 19 z rodexem czesanym. Biomasa zwierzęca w zaroślach jest najwyższa w porównaniu z innymi zbiorowiskami roślinnymi; osiąga 500 g/m2 i więcej.

Inne podwodne i pływające rośliny są tak samo ważne dla zwierząt. Urutja żywi się 53 gatunkami zwierząt, 42 gatunkami rogaczków, 29 gatunkami gryki, 24 gatunkami sukien (Paszkiewicz, Judin, 1978).

Aktywnymi konsumentami roślin wodnych są pasożytnicze nicienie (***Nematoda*)**, "wydobywające" liście, łodygi, korzenie, kłącza roślin i zjadające ich tkanki. Nicienie niszczą komórki roślinne w silnym, pustym stylu, przez który ich zawartość jest zasysana. Styl służy również do przemieszczania się nicieni wewnątrz tkanek roślinnych. Niektóre z roślinożernych nicienie, takie jak rodzaj *Heterodera*, zanurzają przednią część rośliny w jej tkankach, reszta pozostaje na zewnątrz. W nicieni galijskiej z rodzaju *Meloidogyne,* samice przenikają do roślin, tworząc Galów, których komórki odżywiają się. Nicienie żyją w różnych biotopach i charakteryzują się szerokimi preferencjami pokarmowymi; nie ma roślin, których nie spożywają.

Mięczaki **(*Mollusca, Gastropoda*)** stanowią znaczną część populacji wód śródlądowych. Większość z nich żyje w strefie przybrzeżnej wśród roślinności wodnej. W gąszczach bardzo często dominują pod względem biomasy, gorsze od mniejszych organizmów. Szczyt hodowli i obfitości ślimaków przypada na lato, co zbiega się w czasie z masowym rozwojem makrofitów.

Mięczaki są wszystkożerne (spożywają zwierzęta, rośliny i rozkładające się organizmy), ale nadal preferują pokarm roślinny; żują zielone i rozkładające się tkanki roślinne, usuwają z nich mikroalgi. Gastropody rozmnażają się na roślinach wodnych, składając duże szpony jaj pokryte galaretowatą skorupą. Małże nie mają larw, małe (około 1 mm) ślimaki wychodzą z jaj i już mają zlew. Jedzą peryferie, a kiedy dorosną, zamieniają się w żywe rośliny.

Rola mięczaków w diecie roślin wodnych nie jest taka sama. Niektóre z nich (*Melanopsis dufouri, Limnaea stagnalis, L. solumella, Galba palustris, Radix pereger*) jedzą żywe rośliny, inne (*Radix ovata, R. auricularia, R. lagotis, Physa acuta*) - w diecie dominują martwe części (opal), a te żywe są jakby dodatkowym pokarmem. Po trzecie, w diecie dominuje periphyton, growthiston.

Przy spożywaniu rozkładających się składników roślinnych ogromne znaczenie mają bakterie, grzyby i algi, które zwiększają wartość kaloryczną tego pokarmu. Mięczaki w niektórych przypadkach spożywają obwodowe, nitkowate glony, muł i materiał allochtonowy - liście drzew i krzewów.

Mięczaki mają wybiórcze podejście do różnych rodzajów pasz. Ulubione rośliny dla większości mięczaków to rudawy, sutanna, grzechotnik, grot strzałowy, a następnie teloreza, bagno itp. W tym samym czasie niektóre małże odrzuciły elodeię, jeżynę, wódkę. Puchacz i niektóre inne rośliny były chętnie zjadane przez niektóre małże i odrzucane przez inne.

Pozytywne i negatywne nastawienie mollusków do niektórych roślin nie zawsze jest jasne. Niewątpliwie ważną rolę w selektywności odgrywa stopień mechanicznej dostępności tkanin dla Radulusa. Uważa się, że spożycie roślin skorupiaków w dużej mierze zależy od właściwości mechanicznych ich tkanek; zwierzęta zjadają przede wszystkim te rośliny, które ustępują działaniu raduli i szczęki. Czynniki takie jak odżywianie roślin, obecność ochronnych związków chemicznych, zapachy i inne cechy roślin również wydają się mieć znaczenie. Niektóre rośliny są bardzo często inkrustowane skórką wapienną. Ma to również wpływ na ich nawyki żywieniowe. Pomimo tego, że mięczaki są w większości zjadaczami warzyw, w ich diecie niezbędna jest karma dla zwierząt (najczęściej trupów).

Limnaea stagnalis zjada około 40 gatunków przybrzeżnych roślin wodnych z 20 rodzin. Na podstawie anatomii i morfologii jamy ustnej i układu pokarmowego mięczak ten jest przystosowany do karmienia zarówno roślin miękkich jak i twardych. Wymierające części roślin są jednym z głównych składników pokarmowych stawów w warunkach naturalnych. Prudoviki w stawach aktywnie jedzą strzałki, pręty, szaty, telorezy, sosny wodne. Szereg rozpowszechnionych gatunków (takich jak konwalia, puchacz, gryka płazowa, elodea) praktycznie nie było jednak spożywanych. W tym samym czasie, w trakcie eksperymentów laboratoryjnych, stawy z akwenów wodnych pod Moskwą zjadały wszystkie te rośliny, które zostały przez nie odrzucone w warunkach naturalnych. Tak więc przydatność roślin do spożycia zależy w dużej mierze od ich warunków wzrostu. Te rośliny w zbiornikach wodnych mają zawierać substancje, które czynią je niezdatnymi do spożycia (Tsikhon-Lucanina, 1987).

Cewki (*Coretus corneus, Planorbarius corneus, Planorbis planorbis, Anisus vortex, Gyraulus albus*) dobrze odżywiają się z tą miękką i delikatną rośliną, która zawsze dominuje w ich diecie. Trochę mniej konsumuje rdsta, gryka, gryka płazowa, elodea, a jeżyna w ogóle nie jest używana do jedzenia. Mięczaki te (zwłaszcza młode) są w dużej mierze detrytofagami; muł, algi i rozkładające się resztki roślinne stanowią podstawę diety. Pod ich nieobecność małże te zaczynają konsumować żywe rośliny.

Fizyki (*Physa fontinalis*) z rybińskiego zbiornika odżywiają się glonami zielonkawymi i roślinnością wodną (rdestes, indyk, wielokorzeniowy.

Viviparus contectus to detryto-wegetatywne mięczaki, które spożywają muł, algi, tkankę roślin wodnych i alochtoniczny materiał roślinny. W eksperymentach Aborygenowie aktywnie konsumowali rdst, thelorese, forget-me-not, bagienny turkus, a jednocześnie odrzucali elodeię, rogacza, grudę, płaza gryczanego, pieczeń, czerwoną wódkę, jeżynę.

Tak więc różne rodzaje mięczaków mają swoje własne preferencje żywieniowe. Ulubione są rośliny o miękkich i delikatnych liściach; rośliny twarde i pokryte wapnem były spożywane znacznie gorzej. Nie można jednak ignorować stopnia mechanicznej dostępności tych roślin do mięczaków, jakości żywności, zapachu i innych urządzeń ochronnych.

Wśród skorupiaków **niższych** (***Entomostraca)*** żywe rośliny wodne żerowano u skorupiaków liściowych - osłona wszystkożerna *(Apus cancriformis)* i skorupiaków (ostrakoda). Tarcze te zjadają młode liście roślin wodnych. Zdarzały się przypadki masowego rozwoju osłony w kwaterach ryżowych, gdzie zjadała ona sadzonki ryżu i powodowała duże szkody w uprawach.

Ostrokody mają maszynkę do gryzienia, żywią się nie tylko glonami nitkowatymi (*Cladophora*), ale także liśćmi roślin wodnych. Zdrapują one tkankę miękką liścia, pozostawiając tylko żyły nietknięte. Niektóre gatunki masowo rozwijają się wczesną wiosną w basenach tymczasowych na terenach zalewowych; najpierw zjadają opadłe liście, a następnie przechodzą do odżywiania tkanek roślin wodnych.

Osioł wodny *Asellus aguaticus* jest roślinnym skorupiakiem jadalnym (***Isopoda***). Głównym pokarmem tego gatunku są martwe części roślin (w tym opadłe liście drzew), a od żywych - szaty, mchy, bagna. Ten rodzaj żywienia wynika z zamknięcia tego skorupiaka do wybrzeża, biotopu opadłych liści, gdzie rozwija się w dużych ilościach.

Spośród słodkowodnych ***Amphipoda,*** badanie Gammarus pulex (*Gammarus pulex*) jest najważniejsze, głównie ze względu na jego uprawę jako pokarmu dla ryb. Podkreśla się, że *G. pulex* jest głównie zwierzęciem wegetatywnym. Odnotowano występowanie żywych roślin wodnych w diecie tego raka. Ulubione rośliny to: weenie, rogacze, elodea, mech. Bardzo często pyłek sosnowy znajduje się w jelitach, który dostaje się do wody i osadza na roślinach podczas kwitnienia. Martwe rośliny odgrywają znaczącą rolę w odżywianiu gamma-rusów tylko wtedy, gdy nie ma wystarczającej ilości żywych roślin.

Podstawą żywności rozpowszechnionej w Europie *Carinogammarus roeseli* jest również pokarm roślinny (żywe tkanki roślinne i opadłe liście).

Spektrum pokarmowe *Gammarus lacustris*, które jest szeroko rozpowszechnione w wodach europejskich i azjatyckich, jest niezwykle zróżnicowane; obejmuje jednokomórkowe, nitkowate i harfowe glony, mchy, szaty, urusy, rogacze. Konsumują je zarówno żywe, jak i martwe (Kozlov, Sadchikov, 2002). W *G. lacustris,* z jezior na Syberii, znaczna część zawartości jelit, wraz z algami i detrytusem, składa się z tkanek roślin wodnych - szat, elodeia, hara, wątroba, sphagnum, uruti, pęcherzyki i inne. Rola roślin w odżywianiu gamma-rusów jest szczególnie duża od października do kwietnia, w tym czasie aktywnie zjadają martwe części twardej roślinności (trzciny, rogu, trzciny). Latem, oprócz roślin, gamma-rus zjada także pokarm dla zwierząt (gąbki, skorupiaki, larwy owadów, robaki). Były przypadki spożycia martwych ryb przez gammarusa w sieciach.

Raki rzeczne (*Astacus astacus*) również żywią się wyłącznie roślinami wodnymi, chociaż kiedyś były uważane za zoofagiczne, a rośliny były z nimi związane. Głównymi roślinami pastewnymi są rody, bakłażany, łodygi trzciny, mchy, mszyce. Używają zarówno żywych, jak i martwych roślin jako pożywienia. Aparat ujściowy raków rzecznych pozwala na spożycie nie tylko miękkich pędów najdelikatniejszych, rzeżuchy wodnej, uruty, mchu, ale także roślin inkrustowanych wapnem - rogacza, harfy, elodeia. Raki używają również do pokarmu bardziej kaloryczne części roślin - sproszkowane korzenie nimfy, trzciny, trzciny i rogu. Raki zjadają martwe rośliny głównie zimą. W tym czasie są one nieaktywne, ale okresowo muszą jeść. Pokarm dla zwierząt jest rzadko spotykany w żołądkach raków, głównie podczas masowego rozwoju zoobentosu. Raki zwiększają spożycie pokarmu dla zwierząt (owady, mięczaki, zwłoki) w okresach zwiększonego zużycia energii (podczas krycia, topnienia, wzrostu młodych, po głodowaniu).

Krewetki słodkowodne (*Leander modestus, Palaemonetes sinensis, Palaemon superbus*) z jeziora Chanka żywią się głównie martwymi szczątkami roślin i detrytusem. Karma dla zwierząt to tylko niewielka część diety. Skorupiaki te są obiecujące dla aklimatyzacji w zbiornikach wodnych jako pokarm dla ryb.

Owady stanowią znaczną część populacji zwierząt w zbiornikach wód słodkich. Pod względem liczby gatunków i biomasy, owady i ich larwy są większe niż inne grupy zwierząt wodnych. Życie znacznej części owadów jest związane z roślinnością przybrzeżną, wśród której rozwijają się i żywią.

Larwy ***dzienne* (*Ephemeroptera*)** często dominują w bentosie zbiorników. Większość dziennych robotników żyjących w zaroślach roślin wodnych jest roślinożerna - używają żywych roślin, opalu roślinnego i detrytusa do produkcji żywności. W *Cloeon dipterum, Ephemerella ignita, Heptagenia sulphurea, Blasturus cupidus,* turzyce, rogacze, mchy, elodea, zaskórniki i inne wyższe rośliny występują w jelitach. We wszystkich przypadkach, wiele gatunków pieluch, wraz z żywymi roślinami, zjadają częściowo rozłożone liście i łodygi wielu roślin wodnych, peryfiton i allochton opadają liście. Pokarm zwierzęcy w jelitach larw jednokwiatowych prawie nigdy nie został znaleziony. W doświadczeniach dziennych, ciała małych zwierząt były zjadane, a żywe zwierzęta odrzucane.

Równoskrzydłowe mszyce w pniu (***Homoptera***) **są** związane z powierzchniowymi częściami wyższych roślin wodnych. Wśród homopterów nie znaleziono gatunków prawdziwie wodnych, ale istnieje dość duża grupa gatunków higrofilnych związanych z troficznymi związkami z roślinami wodnymi. W związku z tym można je dobrze włączyć do populacji zarośli wody słodkiej. Gatunki te mogą mieć znaczący wpływ na wzrost roślin przybrzeżnych.

Wiele gatunków homopterów to fitofagiczne soki wysysające soki z tkanek roślin powierzchniowych, wiele z nich wykorzystuje szeroką gamę roślin wodnych należących do różnych rodzin. Wśród nich znajduje się jednak niewielka grupa mszyc, które pozostają na podwodnych częściach roślin lub w ziemi przez znaczną część swojego cyklu życia. Istnieją gatunki, które żyją na dolnej powierzchni liści dzbana i na sukience. Poprzez szybkie rozmnażanie i tworzenie licznych populacji mszyce mogą mieć silny wpływ na rośliny wodne i ich organiczną dynamikę produkcji.

Większość wodnych **półsztywnych** gatunków pluskiew (***Heteroptera***) to drapieżniki. Gatunki warzyw są wyjątkiem. Z tych trzech gatunków (*Aelia acuminata, Eurygaster testudinarius, Eusarcoris inconspicuus*) są typowymi higrofilami. Są one szeroko rozpowszechnione w biotopach wodnych i są konsumentami młodych roślin, w tym ryżu. Niektóre gatunki robaków, podobnie jak rośliny lądowe, żywią się liśćmi i nasionami rogu.

N.S.Gaevskaya (1966) zauważa 117 gatunków chrząszczy **(twardoskrzydłe, *Coleoptera*)** należących do 45 rodzajów i 5 rodzin żerujących na roślinach wodnych (112 gatunków roślin wodnych i mokradłowych). Ta grupa owadów jest jedną z wielu, które mają duży wpływ na roślinność wodną.

Wiele gatunków z rodziny **pływaków** - ***Dytiscidae*** (czyli około 2000 gatunków) to mieszkańcy strefy gąszczu. Większość pływaków to drapieżniki. Jednak w doświadczeniach chrząszcze te, wraz z karmą dla zwierząt, spożywają nici (*Cladophora, Spirogira*), rogacze, wallisneria, natomiast elodea i zmęczone zostały odrzucone. Tak wielu pływaków to gatunki o mieszanym sposobie karmienia.

Waterfolk - ***Hydrophilidae,*** podobnie jak **Phalaropes**, są częstymi mieszkańcami strefy gąszczu. Liczą one około 1700 gatunków. Dorośli żerują głównie na roślinach i detrytusie, podczas gdy larwy prowadzą drapieżne życie. Eksperymenty z wielką miłością do wody (*Hydrous piceus*) wykazały, że wraz z karmą dla zwierząt spożywa manekiny, rogacze oraz, w mniejszym stopniu, wallisneria i chastocha. On nie je Elodeya ani Uruth, nawet bez innego jedzenia.

Rozległa rodzina **zjadaczy liści** (***Chrysomelidae***) - w całości składa się z gatunków roślinożernych, z których większość to gatunki oligo- lub monofagiczne. Podrodziny - *Halticinae, Cassidinae, Chrysomelinae, Galerucinae, Donacinae, Criocerinae - są* troficznie związane z przybrzeżnymi roślinami wodnymi.

Przedstawiciele pierwszych trzech podrodzin to mieszkańcy bagien i mokradeł. Pokryte roślinami bagiennymi, aktywnie je zjadają. Larwy mają dużą wytrzymałość, zjadają około 170% masy ciała dziennie. Dieta innych gatunków stanowi około 250% ich masy ciała. Chrząszcze zazwyczaj latają mało, głównie na liściach. Za żerującymi larwami i chrząszczami znajduje się szlak obfitych odchodów. Zwierzęta przyswajają tylko niewielką część zjadanego przez siebie materiału. Zawartość kału jest zielona, co wskazuje na nadmierne spożycie pokarmu i tym samym duży wpływ na środowisko roślinne.

W podrodzinie *Galerucinae występują* gatunki, które żyją w jeziorach, stawach i zbiornikach wodnych. W ich diecie przeważają rośliny z pływającymi liśćmi; rośliny półzanurzone mają podrzędną wartość. Jaja składane są na liściach, larwy i chrząszcze żerują na liściach tej samej rośliny; tu dochodzi do poczwarki.

Przedstawiciele rodziny **irysów** (***Donacinae***) znajdują różne stopnie adaptacji do środowiska wodnego. Są wśród nich gatunki, które żyją na powierzchni roślin i wpadają do wody tylko po to, by złożyć jaja na podwodnych częściach roślin; do oddychania noszą bańkę powietrza na powierzchni pokrytej armatą. Inne gatunki nie wchodzą do wody i nie składają jaj na powierzchniowych częściach roślin. Oprócz tego istnieją gatunki, których imagosy są prawdziwymi wodnymi mieszkańcami. Ich larwy wykorzystują do oddychania powietrze z jam nośnych roślin. Ich poczwarka występuje pod wodą.

Larwy irysów mają tendencję do życia w wodzie, na łodygach i liściach roślin. Dla każdego gatunku (chrząszczy i larw), z reguły, tym samym gatunkiem rośliny jest pasza.

Gatunki irysów można podzielić na cztery grupy w zależności od spożywanych roślin. Pierwsza grupa obejmuje gatunki żerujące na roślinach półzanurzonych. Druga grupa obejmuje gatunki żerujące na roślinach wodnych z pływającymi liśćmi, trzecia grupa obejmuje gatunki żerujące na roślinach całkowicie zanurzonych w wodzie, a czwarta grupa obejmuje gatunki żerujące na roślinach z dwóch lub trzech wyżej wymienionych grup.

Chrząszcze żywią się liśćmi i pyłkami roślin wód przybrzeżnych, a niektóre gatunki są ściśle ograniczone do niektórych roślin.

Z bogatej gatunkowo rodziny wołów - ***Curculionidae*** - znaczna liczba gatunków to typowi mieszkańcy przybrzeżnych roślin wodnych, w których tkankach rozwijają się i rozwijają poczwarki. Dorośli żyją głównie na podwodnych częściach roślin, a niektórzy na pływających liściach. W pracy N.S. Gajewskiej (1966) przedstawiona jest lista 45 gatunków roślin, które służą jako pożywienie dla wołów, a przede wszystkim - grot strzały, rudawy, uru, turzyce, trzciny, szata, gryka płazowa i inne.

Wołki żywią się głównie podwodnymi częściami roślin półzanurzonych, a tylko niewielka liczba gatunków żeruje na nadwodnych częściach roślin, a w szczególności na kwiatach rogu. Larwy większości gatunków są minerałami, przedostają się przez łodygi i kłącza roślin i zjadają ich miękkie tkanki. Tak więc w rodzaju *Bagous larwy* żyją w łodygach skrzypu, telorezy, mannicy; w rodzaju *Hydronomus* - w plantainie chastocha; *Tanysphyrus lemnae* - na sukience; *Grypus equiseti - na* skrzypie; *Icaris sparganii - na* zaskórniku; *Phytobius comari - na* cinquefoilu.

Dwuskrzydłowa (***Diptera***) jest jedną z najliczniejszych grup owadów żyjących w słodkiej wodzie. Larwy wielu gatunków żyją w przybrzeżnych zaroślach, gdzie stanowią pokarm dla wielu ryb.

Wśród gatunków dwuskrzydłowych zidentyfikowano 148 gatunków, których larwy (a w niektórych przypadkach dorosłe) są trofealnie związane z roślinami wodnymi. Wśród nich około 100 gatunków to fitofagi obligatoryjne. Dla tych dwóch skrzydeł wymieniono 88 gatunków roślin wodnych, którymi żywią się te owady. Najliczniej reprezentowane są trzy rodziny: *Chironomidae* - 71 gatunków, *Agromizidae* - 26 gatunków i *Ephydridae* shoreline - 22 gatunki. Ponad połowa gatunków owadów związana jest głównie z roślinami półzatopionymi. Znacznie mniejsza liczba gatunków małży, odpowiednio 21 i 18 gatunków, związana jest z roślinami o pływających liściach i roślinami całkowicie zanurzonymi w wodzie (Gaevskaya, 1966).

Większość larw prowadzi wodne życie, a jako pokarm wykorzystują delikatne i mechanicznie dostępne podwodne części roślin półzanurzonych. Ponadto obecność części powierzchniowych tych roślin pozwala dorosłym owadom na wykorzystanie ich do sadzenia, składania jaj itp.

U niektórych gatunków stadium larwalne występuje pomiędzy węzłami roślin, gdzie larwy żywią się miąższem i wiązkami naczyniowymi. Ich aktywność prowadzi do tworzenia się Galów, żółknięcia liści i zatrzymuje wzrost. Inni wydobyli żywe liście i łodygi roślin, wyrządzając im poważne szkody. Umieszczają miny pomiędzy dwoma warstwami epidermy liści, żywiąc się mezofillem. W miarę jak larwy rosną, zjadają mezofil i naskórek na górnej stronie liścia, pozostawiając naskórek na dolnej stronie nietknięty. Czasami jedzenie tkanki liściowej jest tak kompletne , że cały lub część liścia jest szkieletowany , pozostają tylko głodne żyły. Larwy większości gatunków spożywają dziennie 5-6 razy więcej pokarmu niż same larwy.

Stadium larwalne ***Trichoptera*** **jest** związane ze środowiskiem wodnym i trwa co najmniej jeden rok. Życie dorosłego owada jest bardzo krótkie, niektóre gatunki są całkowicie efemeryczne. Dorosłe strumyki niektórych gatunków straciły zdolność do latania. Tak więc, strumyki są bardziej wodne niż owady lądowe. Larwy strumieni stanowią znaczną część populacji i są źródłem pożywienia dla ryb. Wśród potoków znajduje się duża grupa owadów żerujących na roślinach wodnych. Istnieją dowody na zjadanie około 40 gatunków roślin wodnych, głównie podwodnych. Wiele rodzajów strumieni ma mieszany rodzaj odżywiania; zjadają rośliny, detrytus, zwierzęta. Inne żywią się głównie żywymi roślinami - rogiem, rodem, mchem, nimfami, jaskierką, turzycą, elodią, kladoforą, urugwajami itp. Twarda roślinność (róg, trzcina, itp.) nie jest wykorzystywana do pokarmu przez larwy strumieniowe.

W miarę wzrostu larwy wznoszą się na łodygach roślin, gdzie żywią się nimi. Proces ten trwa do późnej jesieni. To wtedy zaczynają jeść umierające liście. Zimą, pod lodem, larwy przechodzą na karmienie zwierząt, martwych roślin i detrytus.

Rośliny służą strumykom nie tylko do jedzenia, ale także do budowy domów. Większość larw strumieni ma pokarm roślinny jako główny pokarm; zwierzęta jedzą go w małych ilościach. Larwy strumieniowe, gdy występują w dużych ilościach, mogą mieć silny wpływ na zatopione zarośla roślinne.

Motyle, czyli łuskowate skrzydełka (*Lepidoptera*), stanowią dużą grupę, wszystkie dorosłe i prawie wszystkie larwy (gąsienice) są lądowe; tylko niewielka liczba gatunków ma larwy wodne. Wszystkie gatunki gąsienic wodnych żyją w gęstych zaroślach roślin wodnych, żywią się zielonymi częściami i często budują sobie luźny rurowy domek z kawałków liści. Żyją one na 78 gatunkach roślin, w większości półzanurzonych.

Gąsienice, które zużywają tylko nadwodne części roślin, nie różnią się od ich lądowych odpowiedników, ale od czasu do czasu są bardziej odporne na wodę. Żywią się trzciną, rogami, turzycami i innymi gatunkami roślin przybrzeżnych. Dotyczące jedynie naziemnych części rośliny, w tym organów rozrodczych, gąsienice oddziałują na roślinę jako całość.

Gąsienice, które żywią się zarówno powierzchniowymi, jak i podwodnymi częściami roślin półzanurzonych, oddychają powietrzem atmosferycznym, a gdy żywią się podwodnymi częściami roślin, okresowo wznoszą się na powierzchnię w celu odnowienia powietrza w tchawicy lub wykorzystania go z jamy powietrznej roślin. Czas pobytu pod wodą różni się w zależności od gatunku; niektóre mają dziesiątki minut.

Tak więc u większości gatunków *Lepidoptera,* których gąsienice kojarzone są z roślinnością półzanurzoną, główną rolę w żywieniu odgrywają rośliny twarde: trzcina, róg, trzcina. Miniaturowy styl życia jest tu szeroko rozpowszechniony. Gąsienice, łodygi górnicze, a także kłącza, liście i korzenie, nie żywią się twardymi tkankami zewnętrznymi, lecz wewnętrznymi, delikatniejszymi. Aby je przeniknąć, gąsienice muszą jedynie wywiercić niewielki otwór w twardych tkankach. Żywieniowa działalność gąsienic jest destrukcyjna nie tylko dla poszczególnych roślin, ale także dla całych zarośli. Rośliny uszkodzone przez gąsienice nie mogą wytrzymać wiatru i położyć się.

Ryby (***Pisces***) konsumujące w różnym stopniu rośliny są podzielone na trzy grupy:

- Nieczytelne fitofagi. Rośliny wód przybrzeżnych mają wyjątkowe lub dominujące znaczenie w ich diecie;
- Ryby wszystkożerne są euryfagiczne, w diecie których wyższe rośliny mają takie samo znaczenie jak karma dla zwierząt;
- Ryby wszystkożerne, w których diecie wyższe rośliny odgrywają rolę dodatkowego pożywienia.

Należy zauważyć, że granice między tymi grupami ryb są warunkowe.

Pierwsza grupa obejmuje siedem gatunków ryb z rodziny *Cyprinidae.* Spośród tych gatunków, najbardziej wyraźna forma związana z *fitofagią* objawia się w białym Kupidynie - *Ctenopharyngodon idella.* Jego młode spożywają małe zwierzęta planktonowe we wczesnej fazie rozwoju, a następnie przechodzą do fitofagii, żywiąc się zarówno roślinami podwodnymi, jak i lądowymi. Dorośli to ryby czysto roślinożerne. Amur jest w stanie żyć nie tylko w wodzie słodkiej, ale także w wodzie słonawej - do 10-12 ‰.

Biały Kupidyn jest najlepiej zjadany przez rodestę, rogacza, sutannę, elodeię, mech, młode pędy rogu i trzcinę, a jednocześnie wiele roślin nie jest wykorzystywanych do celów spożywczych. Takie rośliny to dzbanek, bryła, zaskórnik, gryka, gryka płazowa, pieprz wodny, jaskier wodny, duże okazy rogu, trzcina, trzcina. Dostępne są jednak inne informacje; biały Kupidyn jest w stanie złamać wysoką trzcinę, wciągając liście do wody i zjadając miękką górę łodygi. Róg, bardziej miękki od trzciny, rozłupuje się nim u podstawy krzewu, a po wpadnięciu do wody zostaje całkowicie zjedzony. Biały Kupidyn jest zdolny do żerowania na roślinach lądowych podczas powodzi i wysokiej wody stojącej.

W doświadczeniach przeprowadzonych na kilku stawach chłodzenia elektrociepłowni obserwowano również selektywne nastawienie białego kupidyna do roślin. Spośród 22 gatunków roślin przybrzeżno-wodnych zamieszkujących ten obszar jako pierwsze zjadły grzebienie, elodę, cygana, żabę, miętę bagienną, rogi i trzcinę. W tym samym czasie sitniki, turzyce, wallisneria, kala, góra płazów, trzciny i wiele innych roślin nie było zjadanych przez białego kupida (Verigin i in., 1963; Nikolsky i in., 1979).

Biały Kupidyn ma wielką żarłoczność; jedząc miękką roślinność wodną (żabę, najedzonego, rogacza, elodeię, szatę) dzienne dawki sięgają 100-150% masy ciała ryby. Biały Kupidyn ma krótsze jelito niż inne ryby fitofagiczne, więc aby zaspokoić zapotrzebowanie na składniki odżywcze, musi przejść przez przewód pokarmowy dużą masę roślinności. Na przykład, długość jelita Kupidyna jest tylko nieco ponad dwukrotnie dłuższa od długości ciała ryby, podczas gdy u grubasa przekracza długość ryby ponad 10 razy. W rezultacie, biały amorek ma silny wpływ na przybrzeżne zarośla wodne i angażuje ten rodzaj produkcji pierwotnej w cykl troficzny. Należy zauważyć, że znaczna część materiału roślinnego wchłoniętego przez amur jest uwalniana w postaci lekko strawionej. Według N. S. Stroganova (1963 r.), w stawach hodowlanych w pobliżu Moskwy ilość odchodów uwolnionych przez populację białego amuru w sezonie osiągnęła 700-1000 kg/ha. Materia kałowa jest dobrym składnikiem odżywczym i jest dostępna do stosowania przez organizmy bentosowe, w tym ryby. Stanowi to warunek wstępny dla zwiększenia produkcji wielu bezkręgowców pokarmowych, przede wszystkim larw komara Tolkunts (ćmy), cennego pożywienia dla ryb dennych. Wszystko to sprawia, że fotofagi rybne są obiecującymi obiektami do sztucznego osiedlania się i różnych form rozwoju gospodarczego.

Wysoka wydajność pozwoliła na wykorzystanie białego amokusa do walki z zarastaniem zbiorników wodnych o różnym przeznaczeniu - stawy rybne, kanały irygacyjne, zbiorniki, systemy odwadniające, stawy chłodzące elektrowni cieplnych i jądrowych.

Leszcz biały (*Parabramis pekinensis*), leszcz czarny (*Megalobrama terminalis*) i musztarda kolczasta (*Acanthorhodeus asmussi) są* również przenoszone na pokarm roślinny po stadium larwalnym. W strukturze przewodu pokarmowego leszcza białego występuje szereg cech typowych dla ryb roślinożernych; długość jelita wynosi 220-430% wielkości ciała ryb w różnym wieku. Przez całe życie białego leszcza następuje przejście od pokarmu zwierzęcego do roślinnego. Wiąże się z tym wzrost długości jelita w miarę wzrostu ryb. Rozmiar jelita kolczastego goryczki wynosi 580% długości ciała. Jego głównym pożywieniem są glony i roślinność przybrzeżna. Pokarm dla zwierząt tych gatunków ryb jest bardzo rzadko spotykany w bryłkach pokarmowych.

Redfish (*Scardinius erythrophthalmus*) odnosi się do ryb, w diecie których pokarm roślinny (rośliny wyższe, glony nitkowate, peryfiton) jest dominujący nad pokarmem zwierzęcym. Smażone ryby spożywają głównie pokarm zwierzęcy, a od drugiego roku życia zaczynają dawać pierwszeństwo pokarmowi roślinnemu.

Do ryb wszystkożernych o szerokim zakresie żywienia i składzie pokarmu należą wzrody (*Leuciscus idus)*, głowienki (*Leuciscus cephalus),* liny (*Tinca tinca), płoć (Rutilus rutilus),* woble (Rutilus *rutilus caspicus)*, karpie *(Cyprinus caprio) i* wiele innych. W ich diecie roślinność wodna jest tak samo ważna jak karma dla zwierząt.

Trzecia grupa ryb, dla których rośliny wód przybrzeżnych odgrywają rolę dodatkowego pokarmu, to chebaka (*Leuciscus schmidti*), karaś *(Carassius carassius),* ukleja *(Alburnus alburnus),* okoń *(Perca fluviatilis),* podusta (*Chondrostoma nosus) i* inne.

UPRAWA I REHABILITACJA PRZYBRZEŻNA

Różne zanieczyszczenia, narastający proces eutrofizacji, intensywne obciążenie rekreacyjne zbiorników wodnych niekorzystnie wpływają na wiele gatunków roślin wód przybrzeżnych. Liczba i zasięg gatunków rzadkich i reliktowych znacznie się zmniejszyła. Przyroda jest szczególnie dotknięta w pobliżu dużych miast i ośrodków przemysłowych. Popularne gatunki, które przyciągają uwagę ludzi, znikają i stają się rzadkie. Jest to czysta lilia biała, kostka lilii żółtej i inne rodzaje z rodziny nimf, paproć wodna, salwina pływająca, mała nayada, orzech wodny, kolczasta kura, krówka bagienna, szkocka, łyżka irysowa, bagno białoskrzydłe, lotos i wiele innych. Do zaniku roślin przyczyniają się nie tylko zanieczyszczenia, ale także intensywne zbieranie i konsumpcja przez wypasane zwierzęta.

W celu zapewnienia ochrony, racjonalnego wykorzystania i rozmnażania przybrzeżnych roślin wodnych konieczne jest prowadzenie różnych działań mających na celu zachowanie populacji rzadkich i zagrożonych gatunków roślin. Obejmują one: uprawę najcenniejszych i najmniejszych gatunków, tworzenie obszarów chronionych, rezerwatów przyrody, rezerwatów mających na celu promowanie ochrony, racjonalnego wykorzystania, odtwarzania i reprodukcji zasobów flory.

Uprawa roślin przybrzeżno-wodnych zwiększy liczbę nie tylko rzadkich i zagrożonych gatunków roślin, ale także tych, które ludzie wykorzystują w swojej działalności praktycznej. Jest on wykonywany do następujących zadań:

1) sadzenie roślin w celu zwiększenia wydajności oczyszczania zbiorników wodnych;

2) sadzenie roślin w gospodarstwach łowieckich w celu zwiększenia zasobów pokarmowych zbiorników wodnych oraz stworzenia schronienia dla ssaków i ptaków wodnych;

3) uprawa miękkiej roślinności wodnej jako pokarmu dla ryb w gospodarstwach rybnych i zwiększenie liczby bezkręgowców paszowych (zooplankton, larwy owadów, mięczaki, oligoet, itp.);

4) sadzenie roślin (fluwiofitów) w celu wzmocnienia brzegów i zapobiegania erozji;

5) uprawa roślin do celów dekoracyjnych.

Metody agrotechniczne związane z uprawą roślin wodnych nie są generalnie trudne. Większość gatunków to byliny, które można sadzić z kłączami i całą darnią. Rośliny bez systemów korzeniowych lub z niedostatecznie rozwiniętymi korzeniami (łasica, teloreza, rogacz) są przeszczepiane w całości lub w części.

Praktyczne zalecenia dotyczące uprawy roślin przedstawiono poniżej. Uprawa roślin wodnych, a w szczególności wprowadzanie nowych gatunków, powinno być prowadzone z dużą ostrożnością, biorąc pod uwagę możliwość wypierania innych, bardziej wartościowych gatunków roślin przez uniwersytety.

Rekonstrukcja populacji intensywnie eksploatowanych roślin wód przybrzeżnych jest zalecana w następujący sposób.

1. Gatunki rozmnażające się w sposób generatywny (różne rodzaje sukcesji, cykaterie bagienne itp.), zaleca się uprawę świeżo zebranych nasion, równomiernie rozrzucając je na powierzchni terenu.

2. Gatunki, które rozmnażają się głównie wegetatywnie (lilie, bryły, ayr, trzciny, trzciny, róże, zegarek, elodeia, irys), są dobrze odnawiane przez łodygi (sadzonki) i kłącza z odpoczywającymi pąkami, truskawkami, turami (pąki zimujące) i całymi roślinami (sutanna, morwa, elodeia, teloreza). Łodygi i kłącza są cięte na części, mocowane do dna i stanowią ochronę przed uszkodzeniem przez zwierzęta wodne i wodne; truskawki i turyści równomiernie rozkładają się na terenie obiektu lub grzebią płytko w ziemi; całe rośliny są umieszczane w wodzie na terenach chronionych przed wiatrem. Ta metoda hodowlana jest bardziej czasochłonna, ale daje dobre wyniki.

3. Dla roślin o mieszanym typie rozmnażania (lilie, bryły, rody, róże, suzak, grot strzałowy, merlin) zaleca się stosowanie obu metod lub ich naprzemienne stosowanie w różnych miejscach. Konieczne jest porównanie, która z tych dwóch metod daje najlepszy wynik.

4. W przypadku trudności lub słabej naturalnej regeneracji roślin należy stosować metody ich sztucznej regeneracji (w laboratorium, na specjalnych ogrodzonych działkach itp.), a następnie sadzić je w naturalnych zbiornikach wodnych.

Najbardziej racjonalnym sposobem wykorzystania roślin wód przybrzeżnych (szczególnie rzadkich i cennych ekonomicznie) jest ich uprawa w zbiornikach wodnych (A.W.Franckiew, 1961). Główną zaletą hodowli roślin cennych ekonomicznie jest uzyskanie maksymalnej możliwej biomasy w warunkach kontrolowanej uprawy, przewidywalności i gwarancji wysokich plonów, a także sterowalności procesów technologicznych.

Przy sadzeniu roślinności wód przybrzeżnych konieczne jest przede wszystkim określenie kierunku eksploatacji zbiornika, ponieważ skład zarastania zbiornika w dużej mierze decyduje o optymalnym sposobie jego ekonomicznego wykorzystania. Następnie, w zależności od warunków ekologicznych, należy wybrać najbardziej odpowiedni skład gatunkowy i zaplanować strefy sadzenia (lub wysiewu). Ma to największe znaczenie dla nowo utworzonych zbiorników wodnych bez roślinności.

Przed sadzeniem należy podjąć działania mające na celu zmniejszenie aktywności fal, co może zniweczyć wszelkie wysiłki związane z sadzeniem. Kontrola sanitarna roślin ma ogromne znaczenie podczas wprowadzania, ponieważ wiele gatunków jest dotkniętych różnymi grzybami.

Uprawa roślin pływających i podwodnych. Ta grupa roślin rozmnaża się z kłączami i nasionami. Charakteryzuje się wyższą efektywnością uprawy nasion w porównaniu z roślinami powietrzno-wodnymi (S.G.Gigewicz, B.P.Własow, G.W.Wyniew, 2001).

Lilia biała rozmnaża się przez sadzonki z pąkami nasennymi, dla których zebrane kłącza są cięte na kawałki. Sadzonki sadzone są w glebach bogatych w pierwiastki mineralne (najlepsze są gleby mułowe). Kłącza muszą być zamocowane na dole, aby nie wyskakiwały. Czas cięcia nie ma znaczenia. Przywrócenie wzrostu sadzonek wynosi około 100% przy sadzeniu w płytkiej wodzie; na większych głębokościach kiełkowanie jest nieco niższe. Reprodukcja z nasionami jest mniej czasochłonna niż z sadzonkami. Materiał siewny zbiera się od sierpnia do początku września, a następnie inkubuje w wodzie przez dwa tygodnie i rozrzuca w płytkich wodach (wcześniej zwinięty w bryły gliny) (dawka wysiewu 5-10 kg / ha). Nasiona są przechowywane w mokrym piasku w temperaturze 12-150C.

Żółta kostka rozmnaża się jak dzbanek. Jest on mniej wymagający w warunkach środowiskowych i może rosnąć nawet w jeziorach dystroficznych. Optymalna głębokość sadzenia 0,5-1 m. Kubicheska jest dobrze tolerowana przez gwałtowne zmiany poziomu wody i z powodzeniem rośnie na dnie wysuszonych zbiorników. Nasiona zbierane są pod koniec sierpnia - na początku września, umieszczane w koszu wiklinowym i zanurzane w wodzie. W ciągu 10-12 dni, gdy nasiona opadną na dno kosza, są one wyjmowane i wysiewane na głębokości około 1 metra. Zbieranie niedojrzałych nasion może być możliwe, ale ich przygotowanie do siewu wymaga długiego czasu ekspozycji w naczyniu z bieżącą wodą.

Orzech wodny (chilim) jest rozmnażany wegetatywnie (przez gniazdka) i owoce. Dojrzewanie owoców następuje w sierpniu. Siew przeprowadza się bezpośrednio po zbiorach, ponieważ po 10 dniach nasiona tracą zdolność kiełkowania. Transportowanie nasion w zbiorniku z wodą. Optymalna głębokość wzrostu nakrętki wodnej - do 1 metra. Rośliny preferują błotniste gleby i ciche rośliny (nie lubią podniecenia); unikają sąsiedztwa z nimfami. Kiełkowanie nasion następuje po 4 miesiącach odpoczynku w temperaturze wody około ^{120C}. Rośliny są wrażliwe na wartości pH, stężenia NaCl i jonów wapnia; rosną w wodach obojętnych lub lekko zasadowych o niskim zasoleniu. Średnie tempo sadzenia wynosi jeden owoc na metr kwadratowy.

Pływający Rdex jest obiecujący dla upraw w wodach polowań i hodowli drobiu. Rozmnażanie nasion ma największy efekt. Materiał sadzeniowy zbiera się pod koniec sierpnia, kiedy to nasiona oddziela się od kłosków i pływają na powierzchni wody. Następnie, po 7-10 dniach starzenia się, koszyk jest zasiewany. Nasiona są zwinięte w gliniane bryły i rozrzucone wzdłuż wybrzeża (na głębokości 0,3-0,9 m). Średnia dawka wysiewu wynosi 40 kg/ha.

Skrzydło piercingu jest najbardziej wytrzymałym i wydajnym przedstawicielem *piercingu*. Jego nasiona zbierane są pod koniec sierpnia, kiedy to za pomocą lekkiego naciśnięcia ręki zaczynają oddzielać się od kłosków. Rozmnażanie przeprowadza się z nasionami (40 kg/ha) lub kłączami (1200 sztuk/ha).

Rzeczy grzebieniste (grzebieniste) są obiecujące dla upraw w gospodarstwach rybnych, łowieckich i kaczych. Siew odbywa się na głębokości 1,5-1,8 m z wykorzystaniem truskawek lub nasion. Średnia ilość wysiewu jest taka sama jak w przypadku rodesty z przekłutymi liśćmi.

Kaczka trawiasta i Kaczka mętna polecane są do hodowli w wodach połowowych. Rośliny te mają wysoką wartość odżywczą dla ryb i dobre siedlisko dla małych bezkręgowców. Uruty mnoży się przez organy wegetatywne, sadząc je na głębokości 0,3 - 1,2 metra (tak, aby rośliny nie unosiły się w górę, są tam zamocowane). Średnia ilość sadzenia wynosi 0,6 m3/ha.

Ciemno zielony liść jest hodowany jako roślina spożywcza dla ptactwa wodnego i ryb roślinożernych. Rozmnażanie jest wykonywane wegetatywnie przez wszystkie części rośliny. Średnia ilość sadzenia wynosi 0,6 m3/ha. Liść orlika jest dobrze przystosowany do różnych wahań ekologicznych i ma wysoki plon (do 200 t/ha w wadze surowej).

Aloesowy kuter do cięcia ciała ma dobre właściwości odżywcze, wysoką zdolność adaptacji do warunków środowiskowych i wysoką wydajność (do 200 t/ha w surowej masie). Kosiarka do ciała jest zdolna do wegetacji zimowej, co czyni ją cennym obiektem uprawy. Ponieważ nie ma ona korzeni, wystarczy przenieść część rośliny na obszary chronione przed falami. Roślina dobrze rośnie w nielicznych zaroślach roślin przybrzeżnych i tworzy cenzusy wysokoplenne. Kuter dobrze znosi niskie wartości pH, co pozwala mu na wzrost w wodach dystroficznych. Nasiona kiełkują w temperaturze $^{180^{\circ}C}$; ich zdolność kiełkowania sięga 100%.

Kanadyjska Elodea jest najbardziej interesująca dla gospodarstw kaczych ze względu na wysoką zawartość składników odżywczych, soli wapnia, wydajność (35-300 t/ha) i zdolność do wzrostu pod lodem. Elodea rozmnaża się wegetatywnie, w częściach rośliny. Przed posadzeniem należy oczyścić dno zbiornika z twardej roślinności, a następnie posadzić rośliny w ziemi w pęczkach po 5-10 gałęzi w odległości 40-70 cm. Roślinę sadzi się na głębokości 0,6 - 0,7 m pod koniec maja. Głównym wymogiem dla środowiska naturalnego jest wysoka zawartość wapnia w wodzie (co najmniej 20-25 mg/l soli wapnia).

Motyle nie stawiają wysokich wymagań co do czasu i metod lądowania. Po zbiorach, wolne miejsca są zarastane sukienką w ciągu 10 dni. Głównym warunkiem wzrostu szat jest dostarczenie mineralnych, a zwłaszcza azotowych składników odżywczych, co sprawia, że są one najchętniej uprawiane w zbiornikach wysokotroficznych i zbiornikach ściekowych kompleksów hodowli zwierząt i przedsiębiorstw przemysłu spożywczego.

Uprawa roślin powietrzno-wodnych i mokradłowych. Rośliny z tej grupy mogą być uprawiane poprzez wysiewanie nasion lub sadzenie korzeni. Druga metoda daje najlepsze rezultaty, ponieważ całkowite dojrzewanie nasion w tych roślinach jest dość rzadkie.

Trzcinę uprawia się za pomocą kłączy; tnie się ją na kawałki po 10-20 cm (zachowując korzenie) i osadza na dowolnej glebie na głębokości 1,5-2,5 m. Do czasu załamania się lodu, do 90% sadzonych sadzonek zostaje zachowanych. Kłącza trzcinowe (jak również inne rośliny) są zakopywane w ziemi, mocowane do dna specjalnymi palikami lub zwijane w dużą glinianą pęczek (do momentu namoczenia, roślina ma czas na zakorzenienie się).

Trzcina jeziorna łatwo rozmnaża się wegetatywnie. Nowy kiełkowanie daje nawet oddzielone części łodygi. Roślinę należy sadzić na glebie gliniastej, na głębokości 1-2 m (przy małej przezroczystości wody - do 1 m). Średnia odnawialność wynosi około 80%.

Bakłażan wąskolistny rozmnaża się na odcinkach kłącza z pąkiem wierzchołkowym lub młodymi pędami, które sadzi się w glebie torfowej lub błotnistej na głębokości do 2-3 m (najbardziej optymalna głębokość to 1-2 m). Współczynnik kiełkowania wynosi 100%, aż do 60% zasadzonych roślin pozostaje do lodu.

Róg szerokolistny jest mniej obiecujący w uprawie niż wąskolistny, ponieważ rośnie tylko na płytkiej głębokości. Roślina rozmnaża się przez kłącza i nasiona, których zdolność kiełkowania sięga 100%. W przypadku uprawy przez kłącze, jest ono sadzone na głębokości do 1 m w uprzednio spulchnionej glebie. Pierwsze kwiatostany mogą pojawić się pod koniec sezonu wegetacyjnego.

Cynicja bagienna (synonimy - ryż wodny, ryż kanadyjski, Tuskarora) została wprowadzona do kultury na początku XX wieku i jest obiecującą rośliną do uprawy w gospodarstwach myśliwskich. Pinceta jest jednoroczna, jej suche nasiona szybko tracą kiełkowanie. Zbiórka nasion odbywa się we wrześniu, wysiew - w tym samym czasie na terenach wolnych od innych roślin.

Nić jest szerokolistna (ryż wodny szerokolistny, ryż dalekowschodni) - bylinowa, aktywnie rozmnaża się wegetatywnie. Jest bardzo konkurencyjny, może zajmować ekologiczną niszę trzciny. Nasiona tej rośliny rzadko dojrzewają, więc rozmnaża się ona wegetatywnie - korzeń. Sadzenie odbywa się wczesną wiosną przez sadzonki kłączy z węzłami na głębokość 10 cm (tempo aklimatyzacji wynosi w tym przypadku 60-85%). Możliwe jest wykonanie nasadzeń letnich i jesiennych (od lipca do pierwszej połowy sierpnia na głębokości 1 m). Najkorzystniejsze dla roślin są gleby piaszczysto-zimne. Zakwaterowanie wynosi 40-70%.

Powietrze sadzi się kłączami na głębokość 20-30 cm (najlepiej na glebie gliniastej). Materiał roślinny jest przymocowany do dna, aby zapobiec jego unoszeniu się na powierzchni. Rośliny rozmnażają się szybko, tworząc monodominujące gąszcze.

Shooter Lancet jest jedną z najbardziej obiecujących roślin do uprawy, ponieważ oprócz zielonej masy zawiera dużą liczbę bulw. Rozmnaża bulwy i nasiona, które muszą być przechowywane w wodzie przez okres do półtora miesiąca przed sadzeniem. Przy wysiewie w październiku, masowe kiełkowanie daje początek przyszłego roku. Użyteczne jest spulchnienie gleby przed siewem (lub sadzeniem). Dawka wysiewu nasion wynosi 5-10 kg/ha.

Krzewy parasolkowe rozmnażane są zarówno na odcinkach kłączy jak i nasion na głębokości ok. 0,5 m. Szybko się wznawia, tworząc ogromne zarośla.

Zegarek trójlistkowy jest obsadzony kłączami z kłączami z przydatkami i pączkami (młodymi kiełkami). Rośnie tylko w wodzie o neutralnej reakcji. Najlepiej sadzić na glebie torfowej; rośliny rosną gorzej na glebie mulistej i obumierają na glebie piaszczystej. Zegarek jest wymagający pod względem zawartości składników odżywczych w wodzie i glebie. Lądowanie zegarka odbywa się na głębokości 0,6 m. Około 60% sadzonek przetrwało do lodu. Rozmnażanie przez nasiona jest możliwe, zdolność kiełkowania osiąga 100%.

Rodzaje rodzaju *jeżyny* rozmnażają nasiona i części kłącza. Roślina jest wymagająca w stosunku do warunków wzrostu; sadzi się ją na głębokości do 1 m. Uprawa jeżyn jest najbardziej obiecująca w gospodarstwach łowieckich specjalizujących się w hodowli ptactwa wodnego.

Skrzyp rośnie w pobliżu brzegów rzek, jezior, stawów na głębokości od 0,3 do 1 m. Roślina preferuje muliste podłoże, rozmnaża się jak inne gatunki skrzypu, zarodniki i wegetatywnie. Uprawiana jest z kawałkami łodyg i kłączami. Sadzonki z 2-3 międzywęzłami zanurzane są w osadzie na głębokości 5 cm bezpośrednio po przygotowaniu materiału sadzeniowego. Ścinki przyzwyczajają się wystarczająco szybko.

Obudowa krowy jest rozmnażana przez nasiona i sadzonki, które sadzone są wiosną lub późnym latem. Najbardziej korzystne dla uprawy tej rośliny są tereny podmokłe lub przybrzeżne części zbiornika wodnego nie głębsze niż 0,05-0,1 m. Rośliny lepiej rosną na glebie piaszczystej lub gliniastej. Obudowa bydlęca jest rośliną ozdobną i jest szeroko stosowana w ogrodnictwie i do dekoracji stawów.

Biało-skrzydlatego lisa bagiennego mnoży się, dzieląc kłącze wiosną i późnym latem. Najwyższe wyniki osiąga się, gdy roślina jest sadzona na glebie gliniastej, na głębokości do 0,3 m. Roślina preferuje stawy o wyższym poziomie troficznym. To roślina ozdobna.

Derbennik jest typowym mieszkańcem terenów podmokłych i płytkich wód. Roślinę zaleca się sadzić w grupach w pobliżu brzegu na głębokości nie większej niż 0,25 m, w murawie z domieszką gleby piaszczystej. Rozmnażanie powinno odbywać się poprzez dzielenie kłącza lub nasion. To roślina ozdobna.

Fałszywy ayrus kasatik jest jedną z najbardziej obiecujących ozdobnych roślin wodnych. Oprócz form dzikich, obecnie hodowane są również odmiany uprawne. Roślinę mnoży się przez podział kłącza, którego fragmenty sadzi się na głębokości 0,5-0,6 m w glebie piaszczystej. Odmiany kulturowe osaic sadzone są na głębokości 0,1-0,15 m.

Szuwary morskie - rosną w zanieczyszczonych, lekko zasolonych wodach na głębokościach do 1,6 m (optymalna głębokość - ok. 0,5 m). Dobrze przystosowany do różnic poziomu wody, zdolny do wzrostu w wodach o dowolnym poziomie troficznym. Bulwy mogą być stosowane do uprawy w zanieczyszczonych i słonych wodach wymagających biologicznego oczyszczania i fitomelioracji. Bezpośrednio po zebraniu materiału sadzeniowego należy sadzić rośliny przy bulwach na piaszczystej lub błotnistej ziemi. Ekologiczna plastyczność rośliny pozwala na jej uprawę w każdym dobrze ogrzanym zbiorniku wodnym. Truskawki nie lubią gleby torfowej.

***

Sadzenie roślin przybrzeżnych na dużych akwenach wodnych może być zmechanizowane. W tym celu, w miejscach zarośniętych zbiornikami z roślinnością powietrzno-wodną, koparki usuwają glebę korzeniową, przenoszą ją do planowanego obiektu, gdzie wcześniej wykonuje się nasadzenia wykopów do głębokości 0,5m. Są one wypełnione materiałem nasadzeniowym i wyrównane buldożerami. W obszarach o umiarkowanym obciążeniu falami, na materiał sadzeniowy nakłada się warstwę gleby o grubości 20-25 cm i impregnuje wodą. W 20-30 dni po tym, miejsce to jest zalane. Trzcinę zaleca się sadzić do głębokości 0,7 m, a trzcinę do głębokości 2 m. Po wykiełkowaniu średnie zagęszczenie roślin osiąga 50 ex/m2. Ten sposób sadzenia roślinności wód przybrzeżnych jest dopuszczalny do tworzenia kompleksu litoralowego na budowanych zbiornikach wodnych - kanałach, zbiornikach i innych częściach wód podlegających erozji wodnej.

Linia brzegowa akwenów wodnych pod wpływem szybko płynącej wody, wiatru i fal morskich floty rzecznej jest stale narażona na erozję i zniszczenie wody. Czynniki te przez wiele lat powodowały coroczne zawalanie się zbiorników w wyniku falowania; zatapiane były cenne żyzne grunty i plantacje leśne.

Kanały są niszczone przez gwałtowne prądy i fale wodne; wymagają corocznej naprawy i wzmocnienia brzegów. Małe rzeki stają się płytkie i podmokłe podczas mycia gleby.

Inżynieryjne metody walki z erozją wodną nie zawsze osiągają pożądany efekt. Poza tym, są drogie i pracochłonne. Najbardziej ekonomiczna jest "biologiczna" metoda ochrony brzegów przed erozją wodną. Trzcina, róg, trzcina, mannik i inna przybrzeżna roślinność są wykorzystywane do ich wzmocnienia. Ochrona brzegów przed erozją przez duże makrofity wodne uznawana jest za sposób niezawodny, prosty i ekonomiczny. Grube pędy roślin opierają się prądom i falom, tłumią ich prędkość, zapobiegają erozji wybrzeża i zatrzymują zawiesiny. W miejscach, gdzie rośnie trzcina, jej korzenie i kłącza wzmacniają glebę do głębokości 50 cm i mocno ją mocują. Trzcina wzmacnia nie tylko podwodną, ale i suchą, stromą część wybrzeża.

HUSBANDRY

Każdego roku w zbiornikach wodnych powstają miliony ton biomasy przybrzeżnych roślin wodnych. Łączna powierzchnia zajmowana przez zarośla trzcinowe w byłym ZSRR, według niepełnych danych, wynosi ponad 5 milionów hektarów. Na tym obszarze powstaje rocznie do 40-50 milionów ton suchej masy samej trzciny. Najwyższą biomasę odnotowano w ujściach rzek i w dolnym biegu Dniepru, Dunaju, Wołgi i Kubanu, a w jeziorze Chany - 15-30 t/ha (masa powietrznie sucha). Jeśli weźmiemy pod uwagę rogi, trzcinę, skrzyp, mannik i inne rośliny przybrzeżne, cała ta masa powinna być zwiększona co najmniej 1,5-2 razy. Dla przykładu, plon róż w koktajlach naszych południowych rzek sięga 15-20 t/ha (waga surowa). Nie trzeba mówić o biomasie roślin pływających i zatopionych, bo nikt jej nie obliczył, z wyjątkiem niektórych zbiorników (N.S.Gaewskaja, 1966; P.G.Krotkiewicz, 1982).

Wiele gatunków roślin wód przybrzeżnych znajduje zróżnicowane, ale wciąż niewystarczające zastosowanie w różnych gałęziach przemysłu, rolnictwie, leśnictwie, hodowli ryb, medycynie, itp. Wśród nich znajduje się wiele zakładów technicznych (trzciny, rogi, trzciny itp.), które są wykorzystywane jako surowce opałowe i chemiczne, w produkcji papieru i w budownictwie. Rośliny lecznicze zbiorników (ayr, zegarek, bryła, werbena, sukcesja, mięta, derbennik itp.) są wykorzystywane w medycynie, farmacji, homeopatii, jako środki kosmetyczne i aromaterapeutyczne. Niektóre rośliny to dobry plaster miodu (Watch, Highlander, Verbeinik, Susak, Iris). Rośliny przybrzeżne wykorzystywane są do celów fitomelioracyjnych (trzciny, róże, trzciny, różaneczniki itp.) w celu ochrony brzegów przed erozją. Piękne i spektakularne rośliny wodne (kostka, lilia, lotos, kowadło, ayr, irys, mączlik) znajdują zastosowanie w celach dekoracyjnych.

W chwili obecnej nie można mówić o wystarczająco aktywnym wykorzystaniu roślin wodnych dla różnych potrzeb człowieka. Rozwój technologii zbierania ujawnia szerokie perspektywy racjonalnego wykorzystania roślin przybrzeżnych i wodnych. Ponadto przygotowanie i wydobycie przybrzeżnych roślin wodnych z akwenów wodnych jest jednym z głównych sposobów zapobiegania wtórnemu zanieczyszczaniu wody przez pozostałości roślinne.

Roślinność nadbrzeżno-wodna charakteryzuje się wysoką wydajnością, nie mniejszą niż rośliny pastewne gruntowe. Tak więc, plon turzycy osiąga 2-3 tony zielonej masy na 1 ha, a plon młodych pędów trzcinowych - 5-6 ton / ha. Plony pdstowa, elodeya, uruty, rugolistnika w średnim pasie Rosji sięgają 3-4 kg/m2 (tu i dalej - waga surowa), grotu 6-10 kg/m2, telorezy 2-13 kg/m2, gryki Amfibii 8-10 kg/m2, zaskórnika 1-10 kg/m2, salwiny 3 kg/m2 (N.S.Gaevskaya, 1966; P.G.Krotkevich, 1982).

Wydajność winnicy w wodach Środkowego Uralu wynosi 15-25 t/ha (średnia dla całego zbiornika) i 40-90 t/ha (w zaroślach). Według innych danych, elodea może dać wydajność do 110 t/ha. Wynika to z faktu, że po 25-40 dniach zbiorów może odbudować swoje zarośla.

Ogromna wydajność ma szatę tridonalną, która może dać wydajność do 120 ton / ha. W ten sposób w jednym zbiorniku w zbiorniku Iwanowskim wyprodukowano 10 ton na hektar. Ukrzyżowanie rozmnaża się głównie wegetatywnie; czas podwojenia przez suchą masę wynosi 5-6 dni, a przez liczbę "liści" - 2-3 dni. Tak duża prędkość hodowlana pozwala na zebranie wielu plonów przez całe lato. I tak, w warunkach Uzbekistanu przez 8 miesięcy zbieraliśmy szaty o wielkości 276 t/ha, podczas gdy zbiór kukurydzy wynosił 150-180 t/ha, a lucerny 14-15 t/ha. Różne rodzaje szat dobrze rosną w wodzie z rozcieńczonymi ściekami zwierzęcymi. W tym przypadku, wydzielina z korzeni róż stymuluje rozmnażanie się mikroorganizmów wodnych, które niszczą substancje organiczne ze ścieków i w ten sposób przyczyniają się do zachowania zbiornika w czystym stanie.

Roślinność zbiorników wodnych jest podzielona na dwie główne grupy: "twardy" i "miękki". Twarda" roślinność obejmuje trzciny, rogi, trzciny, mannę, turzyce i inne rośliny przybrzeżne. Roślinność "miękka" ma delikatną łodygę i rośnie w słupie wody lub na jego powierzchni - przedsionek, rogacz, rogacz, eustoma, grot strzały, dzbanek i inne.

W zależności od cech gatunkowych, przybrzeżne instalacje wodne są wykorzystywane jako surowce przemysłowe i techniczne oraz jako pasza dla zwierząt hodowlanych i drobiu.

Podział ten jest w pewnym stopniu warunkowy, ponieważ ten sam zakład może mieć albo cel przemysłowy, albo rolniczy, w zależności od czasu zbiorów i celów użytkowych. Istnieją rodzaje, które mogą być wykorzystane w innych gałęziach gospodarki - w przemyśle spożywczym, w celach medycznych i dekoracyjnych.

Pierwsza grupa roślin obejmuje trzciny, róże, trzciny i inne rośliny "twarde", ale główne znaczenie przemysłowe bez wątpienia należy do trzciny, która tworzy w mieszkaniach i deltach rzek ogromne zarośla, wygodne do użytku przemysłowego. Zakłady te wykorzystywane są głównie do celów technicznych - w budownictwie, przemyśle celulozowo-papierniczym, chemicznym i mikrobiologicznym: jako wypełniacz w produkcji materiałów budowlanych, surowce do produkcji papieru i tektury, wiskoza, substraty pokarmowe do uprawy drożdży paszowych.

Naukowcy uważają, że roślinność wodna nie powinna reprezentować dzikich zarośli, jak to ma miejsce obecnie. Trzeba nauczyć się je uprawiać i wykorzystywać masę roślinną w różnych branżach, w tym do karmienia zwierząt hodowlanych. Ryż wodny lub kanadyjski (*Zizania aquatica*), ryż szerokolistny (*Zizania latifolia)*, kanaryjski *(Digraphis arudinacea), beckmannia (Beckmannia eruciformis) mogą być* wykorzystywane jako obiecujące uprawy. Tak więc, w wodach obwodu leningradzkiego, wydajność zielonej masy ryżu kanadyjskiego osiąga 30 t/ha (lub 15 t/ha siana) i 16 c/ha ziarna (V.D. Lopatin, 1951). Ziarna kruszą się i leżą w wodzie, nie kiełkują, aż do wiosny. Używane są one jako pokarm dla ryb i ptaków wodnych. Ryż dalekowschodni (*Zizania latifolia*) produkuje niewielką ilość nasion, ale daje dużą zieloną masę. Spośród roślin wodnych, najbardziej obiecujące są elodey, szata, wilk i riccia.

Wykorzystanie przybrzeżnych roślin wodnych oferuje ogromne możliwości w zakresie hodowli i produkcji nasion, co jest już realizowane w wielu krajach. Rośliny wód przybrzeżnych stanowią dużą biomasę i są dobrze zjadane przez zwierzęta i ptaki. Są one gwarantowanym źródłem kompletnej i taniej paszy.

Roślinność na podwodnych łąkach rozwija się 2-3 razy szybciej niż na lądzie; jej wzrost jest niezależny od warunków pogodowych i suszy. Przy odpowiednim wykorzystaniu zbiorników wodnych można zbierać elodey, telorese, szaty i inne 3-4 razy w roku; rośliny po zbiorach rosną dość szybko. Masowe wykorzystanie roślinności wodnej ma duże znaczenie gospodarcze; rośliny mogą przyczyniać się do łagodzenia niedoborów paszy, szczególnie w południowych regionach kraju. Niektóre gatunki roślin (teloreza, elodea) wegetują również zimą; mogą być wykorzystywane do żerowania ptaków jako zielona masa przez cały rok (G.S.Gigewicz, B.P.Własow, G.W.Wyniew, 2001).

Rośliny wód przybrzeżnych są doskonałym źródłem paszy i dodatków paszowych dla wielu zwierząt hodowlanych. Spożywa się je w stanie świeżym, inne jako paszę grubą (siano, sianokiszonka, kiszonka, plasterki), lub produkuje się z nich granulowaną mąkę ziołową. Duża część roślinności wodnej nadaje się na kiszonkę. Niektóre rośliny są podawane w mieszankach z innymi rodzajami pasz (np. otręby, ziemniaki, ziarno). Wartość odżywcza tych pasz jest zwiększona przez gotowanie na parze, dodawanie melasy, wysłodków buraczanych i innych dodatków.

Świeża trzcina, grab, trzcina, mannik, turzyca, peleryna, lilia, teloreza, rogacz, rogacz, elioda itp. nadają się do karmienia zwierząt. Zawierają one nie mniej składników odżywczych niż mielone trawy pastewne (tabela 3). W zatopionej roślinności wodnej tkanka mechaniczna jest zredukowana, dzięki czemu zawiera znacznie mniej włókien w porównaniu z ziołami ziemnymi i jest lepiej wchłaniana.

Turzyce, trzciny, kukurydza są od dawna stosowane do karmienia zwierząt; pod względem zawartości białka i tłuszczu są one bezkonkurencyjne wśród roślinności przybrzeżnej i bliskie koniczyny. Siano z młodej trzciny, rogu, mannicy, fazowane przed kwitnieniem, ma wysoką jakość. Siano z telorezy ma przyjemny zapach i jest dobrze zjedzone przez zwierzęta. W ten sposób trzcina zawiera 7% surowego białka, około 2% tłuszczu, 10% ekstraktów azotowych. W mannie z surowego białka 11%, ekstraktów azotowych 40%, cukru 9%.

Wartość kaloryczna makrofitów jest przyjmowana na poziomie 4 kcal/g suchej masy; najwyższa wartość kaloryczna jest typowa dla okresu wiosennego, najniższa - jesienią. Roślinność wodna jest nieco gorsza od lucerny i koniczyny w zakresie jakości paszy (patrz tabela 3).

W stanie młodym i w okresie kwitnienia róż, mannik i zaskórnik zawierają 7-22% białka, 1-3% tłuszczu, 30% ekstraktów azotowych, 17-42% błonnika i są dobrze zjedzone przez wiele zwierząt domowych (Yu.G.Maysterenko i in., 1969). Po kwitnieniu łodygi są grubsze, a wartość paszowa roślin jest mniejsza.

Korzenie i bulwy bryły, lilie, mannika, rdestow, róg, trzcina i inne korzenie mają wielką wartość w diecie bydła, świń, ptactwa wodnego, kurcząt, zwierząt futerkowych. Szczególnie cenne są kłącza trzcinowe, które zawierają do 50% substancji skrobiowych, do 30% cukrów, 5% białka, 1% tłuszczu, 6% soli mineralnych.

Rośliny wód przybrzeżnych mają wysoką zawartość witamin. Tak więc zawartość witaminy C mieści się w przedziale 50-80 mg/%, witaminy A - 16-40 mg/%, co jest dobrym wskaźnikiem dla roślin paszowych. Zawierają one również wiele pierwiastków śladowych, których potrzebują zwierzęta i ptaki (krzem, żelazo, kobalt, brom, miedź, nikiel, jod, cynk, mangan).

W zależności od planowanego wykorzystania makrofitów, są one zbierane latem i zimą. Letnie próby ślepe powinny być zakończone przed kwitnieniem (przed utworzeniem się na łodygach meteleusza i jeśli rośliny mają 8-9 arkuszy) w ciągu maksymalnego okresu biomasy. W tym przypadku suszona trzcina i pędy rogów są tak samo kaloryczne jak dobre siano. W okresie kwitnienia łodygi stają się grubsze, a ich wartość paszowa spada (podobnie jak w przypadku roślin paszowych lądowych). Zimowe zbiory roślinności powierzchniowej służą głównie celom technicznym.

W gospodarstwach posiadających własne zbiorniki można tworzyć plantacje elodey, rdest, telorese, szaty, bajgle, a tym samym zwiększać bazę paszową dla produkcji zwierzęcej i drobiowej.

Buttercup jest dobrym pokarmem dla wielu zwierząt domowych, zwłaszcza drobiu i świń. Zawiera do 30% białka, około 5% tłuszczów, 24-34% azotowych substancji ekstraktywnych (więcej niż w kukurydzy), fosfor 3%, wapń 6%, magnez 2% i trochę błonnika 20-25%. Świeża sutanna jest bogata w witaminy. Wartość odżywcza suchej szaty jest szczególnie wysoka, zawiera do 30% białka, 30-35% skrobi, 5% tłuszczu, 17-23% błonnika.

Tabela 3.
Skład chemiczny niektórych roślin,
% suchej masy całkowitej; wartości w zaokrągleniu
(N.P.Woronikhin, 1953; N.S.Gaevskaya, 1966 itd.).

Nazwa roślin	Białk o	Kletch atka	Tłu szc z	Sync by honeybu nny substancj e ekstrakty wne	Pop ioły
Trzcina zwykła (cała roślina)	11	36	3	44	5
Trzcina zwyczajna (liście)	22	29	5	37	7
Trzcina jeziora	6-11	18-31	4	51-60	7
Turzyca pęcherzykowa	11-13	26-33	2-4	3-49	7
Strzelec Strzelec	22-23	18-37	4-7	27-40	13
Płaz góralski	11	16	2	64	6
Najstarszy pływający	14	22	4	50	10
Najbardziej czerwony błyszczący	14	18	2	55	12
Radiowy arkusz przebijający	12	17	1	60	10
Kubushka Żółta Lilia wodna biała	21	15	3	52	10
Elodea Kanada	14-16	16-29	1-2	35-46	20
Umbrella Susak	13	31	3	5	19
Motyl trójdźwiękowy	12	11	1	46	30
Czerwone kędzierzawe	22	13	2	49	14
Orzeł Liść ciemnozielony	18	11	1	46	23
Koniczyna czerwona	14-21	22-24	3	37-42	8
Mannick	10-11	-	-	38-41	9
Koniczyna	20	21	4	47	9
Lucerna	18	19	3	50	10
Hornet wąskolistny	7	30	2	24	33
Skrzyp i muł	7	21	2	30	11
Buttercup	26	25	5	27	18
Motyl trójdźwiękowy	30	21	3	24	22
Crested Redst	21	26	3	37	14
Czerwone kędzierzawe	19	17	2	47	15
Najstarszy (5 gatunków)	17	19	3	50	12
Siano łąkowe (dobre)	14	19	3	40	8
Koniczyna + lucerna	20	21	3	46	10
Koniczyna Medium	20	25	2	43	10

Szczególnie interesująca dla hodowli zwierząt jest wilczarnia, niestrawna, mała subtropikalna roślina słodkowodna z rodziny chwastów. Rośnie na południu naszego kraju. Sucha masa Wolfia zawiera 60% skrobi, 20% tłuszczu, 10% białka, witaminy A, B6, B12, C, PP, itp. Może być uprawiana w małych basenach o głębokości do 15 cm. Medium odżywcze - woda z kranu z dodatkiem kaptura odchodów kurczaka w stężeniu 1 g na 1 litr wody. Średni dzienny przyrost masy zielonej wilczycy na świeżym powietrzu w okresie maj-październik wynosi około 0,2 kg/m2, co stanowi 60 t/ha surowej masy miesięcznie.

Roślinność wodna może być używana jako materiał ściółkujący i nawóz organiczny po kompostowaniu. Nawozy kompostowe są szeroko stosowane w rolnictwie; pod względem wpływu na plony kompost jest zbliżony do obornika. Do kompostowania wykorzystuje się rośliny o utwardzonych i szorstkich łodygach, które nie nadają się do karmienia zwierząt. Ponadto, rośliny są wykorzystywane po ich wykorzystaniu jako ściółka.

Roślinność wód przybrzeżnych jest doskonałym podłożem do hodowli wermikulantów i produkcji biohumusów. Rośliny wodne mogą być wykorzystywane do produkcji biomasy ślimakowej w czystej formie i zmieszanej z obornikiem i innymi odpadami organicznymi.

Obecnie wiele uwagi poświęca się hodowli robaków przemysłowych w USA, Włoszech, Francji, Niemczech i innych krajach. Rozwiązanie tego problemu stało się w ostatnich latach pilne w naszym kraju.

Głównym uprawianym gatunkiem jest Lumbricidae dungworm (Eisenia foetida) i California red worm. Ten ostatni gatunek jest uważany przez ekspertów za oswojony podgatunek gnojownicy. Są one przystosowane do życia w agresywnym środowisku - oborniku. Długość robaka obornikowego wynosi 40-130 mm, szerokość - 2-4 mm, w kokonie jest do 20 jaj, dojrzałość płciowa osiągana jest w ciągu 4 miesięcy.

Kalifornijski robak jest rasą intensywną; jest bardziej wymagającą pod względem warunków karmienia i hodowli (głównie temperatury) i daje większe odbicie przy odpowiedniej pielęgnacji. Z drugiej strony, gnojek (Eisenia foetida) jest bardziej odporny na mróz, zdolny do przenoszenia bardziej agresywnych mediów: nisko sfermentowanych odchodów ptasich, obornika, różnych mieszanek o dużej zawartości kory drzewnej i trocin.

W przypadku robaków podłoże jest zarówno źródłem pożywienia, jak i siedliskiem. Najczęściej stosowanym substratem wermikulturowym jest obornik, ale można również wykorzystywać inne odpady organiczne, w tym roślinność wód przybrzeżnych. Obornik może być stosowany zarówno jako czysty obornik, jak i jako część różnych mieszanek (wypełniaczy). Jeśli obornik jest używany w stanie czystym, musi być wstępnie naświetlony (3-6 miesięcy). Jako wypełniacze wykorzystuje się słomę, starą trawę, opady liści i inne odpady. Roślinność przybrzeżna może być wykorzystywana jako pojedyncze źródło paszy dla robaków oraz jako wypełniacz. Szybkość rozkładu materii organicznej zależy od wilgotności, temperatury i napowietrzania podłoża. Najbardziej intensywny gnojowica rozkłada się przy wilgotności 55-75%; gdy wilgotność spada, tempo rozkładu spada. Napowietrzanie jest bardzo ważne. Im więcej tlenu dostaje się do stosu, tym intensywniejszy proces. Temperatura optymalna do karmienia i rozwoju robaków wynosi około 230C, a do rozmnażania - ^{190C}. *Robaki z enzymem celulazy aktywnie odżywiają się i niszczą odpady zawierające celulozę.*

Robaki mają zarówno żołądek, jak i dodatkowe trawienie żołądka. Gruczoły gardła produkują płyn podobny do soku żołądkowego. Robaki zwilżają nim pozostałości organiczne, które pod jego działaniem stają się ciemne i macerują. Następnie robaki zasysają miękką, półrozłożoną tkankę. Połknięty materiał organiczny w żołądku robaka jest wcierany i wchłaniany.

Optymalne tempo porażenia podłoża wynosi 12 robaków na 1 dm3. Norma może być zwiększona do 50 ex/dm3. W tych warunkach robaki szybciej przetwarzają podłoże, ale mniej intensywnie się rozmnażają. Przybliżony okres konwersji substratu na biohumus wynosi około 3 miesięcy, ale okres ten różni się znacznie w zależności od temperatury, gęstości osiadania substratu, jakości surowców.

Wermikultura - intensywna biotechnologia utylizacji odpadów organicznych z produkcją biohumusu i biomasy robaków, która może być dalej wykorzystywana do karmienia zwierząt i drobiu.

W ostatnich latach aktywnie rozwijano technologię przetwarzania biomasy na materiały palne, głównie konwencjonalny metan. Proces ten nazywany jest biokonwersją. Charakteryzuje się wysoką wydajnością i może korzystać z szerokiej gamy materiałów organicznych, w tym roślinności przybrzeżnej i wodnej. Przykładowo, biokonwersja 100 ton słomy pozwala na wyprodukowanie 14000 m3 metanu i 2,5 tony nawozu. Pojawia się perspektywa przetwarzania tą metodą makrofitów zawierających toksyczne związki i radionuklidy (W.W.Ewstignejew, M.A.P.Podurowski, W.P.Sołowowow, 1997).

Biomasa roślin wodnych może być wykorzystywana do przygotowywania niekonwencjonalnych pokarmów. "Zielona krew, zielone mleko. Mleko ziołowe" -

pod tą nazwą zaczęli produkować za granicą soki roślinne wzbogacone o białko i witaminy. Zielona rewolucja" w produkcji żywności nieuchronnie doprowadzi do pełnego wykorzystania zasobów żywności roślin wodnych (W.W.Ewstygnejew, M.A.P.Podurowski, W.P.Sołowowow, 1997).

ROŚLINY AKWARIOWE

Rośliny odgrywają ważną rolę w kształtowaniu środowiska życia ryb w akwarium, a przede wszystkim w wymianie gazowej. Emisja tlenu przez rośliny i jednocześnie jego absorpcja nie może być zastąpiona nawet przez dobre wydmuchiwanie powietrza. Ważną rolę odgrywa również wchłanianie przez rośliny substancji organicznych i mineralnych, które pojawiają się w wodzie w wyniku życia ryb i rozkładu resztek pokarmu. Dzięki roślinom i bakteriom żyjącym na ich powierzchni, woda jest naturalnie oczyszczana z produktów szkodliwych dla ryb. Ponownie, żadne filtry nie mogą zastąpić roślin i bakterii w tym zakresie (Ilyin, 1977).

Bardzo duża i estetyczna rola roślin w akwarium. Rośliny cieniują blask ubarwienia ryb i podkreślają ich piękno. Dla niektórych gatunków ryb potrzebne są rośliny jako schronienie; ponadto wśród roślin ryby ukrywają się przed prześladowaniami agresywnych osobników swoich lub innych gatunków. Fry i młodzież trzymana razem z dorosłymi szczególnie potrzebuje schronienia. Ponadto wśród roślin powstaje najprostszy - narybek na smażenie.

Dla wielu gatunków ryb, rośliny są naturalnym podłożem, na którym kładą swój kawior. Niektóre gatunki przyklejają kawior do roślin, inne znakują go wśród zarośli. Dla wielu gatunków ryb, rośliny służą jako schronienie przed rodzicami spożywającymi ich jaja. Niektóre ryby używają roślin do budowy gniazd (Ilyin, 1977).

W tym rozdziale nie zamierzamy opisywać życia i hodowli roślin akwariowych. Istnieje specjalna literatura do tego celu (Złotnicki, 1890; Żdanow, 1973; Iljin, 1977; Mahlin, 1990; Koło, 1991). Chcemy tylko pokazać szerokość i zakres zastosowania roślin wodnych. W większości przypadków podajemy informacje o roślinach z naszego kraju, które są uprawiane w akwariach. Jednak większość naszych roślin ginie zimą, więc liczba wykorzystywanych gatunków roślin jest niewielka. W związku z tym podajemy kilka informacji na temat roślin tropikalnych, które są najczęściej uprawiane w warunkach akwariowych.

Istnieje kilka rodzajów akwariów. Niektóre z nich są wykorzystywane wyłącznie do uprawy roślin przybrzeżnych i wodnych. Zazwyczaj nie ma w nich ryb. Inne łączą rośliny przybrzeżno-wodne (gatunki podmokłe i tropikalne) z płazami i bezkręgowcami. Po trzecie, razem z rybami hodują rośliny wodne.

Przede wszystkim należy powiedzieć, że stan roślin w akwarium zależy nie tylko od fizycznych i chemicznych właściwości środowiska, temperatury, światła, ale także od tego, jakie gatunki ryb i bezkręgowców w nim żyją.

Niektóre ryby (gupiki, miecznikі, pecylia, mollonezia) ze względu na strukturę pyska (pracujące jako skrobak) dobrze usuwają płytkę nazębną z roślin i ścian akwarium, a tym samym przyczyniają się do ich wzrostu. Ryby te są w większości bezpretensjonalne i dobrze się rozmnażają w każdym akwarium. Sumy okrążone - encystrowate - żerują głównie na kamiennych dnach, ale z ich braku można również oczyszczać rośliny. Pięknie ubarwione ryby - Labeo, gouramy całujące - Chelostomas, gouramy księżycowe - Trichogaster żerują na wzroście i dość dobrze usuwają glony nitkowate z liści roślin.

Przy uprawie roślin wodnych konieczna jest znajomość i ich "wrogów" - ryb, które mogą sprawiać im wiele kłopotów. Jedzą liście, pędy roślin, łamią ziemię.

Przede wszystkim należy wspomnieć o rybach charakinowych - metynowcach, które są w stanie oderwać kawałki nawet najbardziej wytrzymałych roślin. Tetragonoptery (wykonane z charakinusu) łączą młode, delikatne pędy roślin, którym przeciwstawiają się wyłącznie paprocie. Niektóre gatunki z rodziny pielęgnicowatych odżywiają się również roślinami wodnymi lub wyciągają rośliny z ziemi. Gatunki Tilapia są szczególnie "agresywne" wobec roślin wodnych. Niektóre duże gatunki tego gatunku są hodowane jako ryby handlowe w ciepłych wodach.

Podobnie jak pielęgnicowate, w akwarium pielęgnują ziemię różne rodzaje sumów, przede wszystkim torakatum. Dorosłe sztangi często zrywają górne pąki roślin, zrywają młode liście. Najczęściej spotykane złote rybki lubią zrywać młode i delikatne liście roślin, przede wszystkim z pierzastymi liśćmi. Ponadto, kopiąc w ziemi, wzbudzają muł, który osadza się na roślinach.

Większość gatunków ślimaków to akwaryści. Najczęściej w akwariach znajdują się czerwone zwoje. Dobrze radzą sobie z rozwojem roślin i okularów, usuwają warstwę bakteryjną z powierzchni wody. Ledwo psują rośliny, dopóki mają wystarczająco dużo jedzenia. Jeśli brak jest naturalnej żywności (wzrost), ślimaki przechodzą na rośliny wodne. Fizyki i phesielle, jak również cewki, są dobre w detoksykacji, ale również jeść małe dziurki w liściach. Duże ampułki mięczaków są wszystkożerne - oczyszczają akwarium wzrostu, zjadają resztki pokarmu, martwe części roślin, ale jeśli nie ma wystarczającej ilości pokarmu, mogą uszkodzić żywe rośliny.

Leżaki i stawy, pobierane z naturalnych zbiorników, aktywnie żywią się roślinnością wodną. Ponadto, niektóre z nich są żywicielami pośrednimi wielu pasożytów ryb.

Rośliny akwariowe można podzielić na następujące grupy biologiczne: 1. 1. unoszenie się na powierzchni wody; 2. unoszenie się w słupie wody; 3. zakorzenienie w ziemi.

Spośród roślin w środkowym pasie naszego kraju, najczęściej uprawiane są następujące gatunki:

Rodzina *Characeae***.** Błyszcząca elastyczna - *Nitella flexilis* (L.) Agardh. Występuje w małych zbiornikach wodnych w Europie, Azji i Ameryce, gdzie tworzy grube, podwodne zarośla. Łodygi są długie, silnie rozgałęzione, ciemnozielone, zmętnienia w kształcie nici na całej długości, brak systemu korzeniowego. Najlepsze rezultaty w uprawie brokatu można osiągnąć nie przesadzając go. Zawieszone cząsteczki dobrze osadzają się na niej, więc woda jest wystarczająco czysta, jeśli ta roślina jest obecna. Jest to dobry pokarm dla wielu ryb akwariowych. Blisko tego gatunku blasku jest *wielkoowocowa Nitella megacarpa* Allen, pospolita w wodach atlantyckiego wybrzeża Stanów Zjednoczonych. Oba gatunki wyglądają lepiej, gdy rosną z innymi roślinami.

Rodzina *Riccciaceae. Riccia* floating - *Riccia fluitans* L. należy do przedstawicieli mchów wątrobowych; jest szeroko rozpowszechniona w stojących i wolno płynących zbiornikach wodnych wszystkich kontynentów. Ta piękna jasnozielona ażurowa roślina unosi się na powierzchni wody. Ciało Riccii tworzy warstwę i składa się z małych rozgałęzionych płytek. Odtwarza się bardzo szybko, pokrywając całą powierzchnię wody solidną wykładziną i płytami wystającymi ponad wodę. Służy jako schronienie dla narybku, podłoże do tarła i materiał do budowy gniazd rybnych.

Rodzina źródeł (*Fontinalaceae*)**.** *Fontinalis antipyretica* Linne jest zwykłym kluczem *fontinalis*. Występuje w różnych zbiornikach wodnych północnej półkuli Ziemi i ma wiele form i podgatunków. Lubi wyjątkowo czystą, miękką wodę. Trochę śmieci jest zabójcze dla tej rośliny. Oświetlenie powinno być umiarkowane (rozproszone), ponieważ gdy jest zbyt dużo światła na mchu, rozwijają się glony, co prowadzi do jego zniszczenia. Fontinalis to doskonałe schronienie dla narybku, podłoże do tarła wielu ryb. Pomnożone przez podział na krzaki.

Z mchu tropikalnego w akwariach powszechnie uprawianego mchu Javanese - *Vesicularia dubyana* (C. Muller) Brotherus (z rodziny hypnea - *Hypnaceae*). Rozmieszczone na wodach regionu zoogeograficznego Wysp Indo-Malajskich. Jest to splot cienkich nici o ciemnozielonym kolorze, połączonych z kamieniami i rozdarciami przez kłącza. Małe liście znajdują się na pięknie rozgałęzionych łodygach. Jest bezpretensjonalny pod względem składu wody, gleby i oświetlenia, dlatego jest szeroko rozpowszechniony wśród miłośników akwariów. Rośnie powoli przez cały rok. Mech jawajski jest piękną rośliną ozdobną; dobrym podłożem do tarła wielu gatunków ryb. Łatwe do rozmnażania wegetatywnego.

Hemispherical family (*Isoetaceae*). Hełm jeziorowy - *Isoetes lacustris* L. jest rozprowadzany na wodach Syberii, Europy i Ameryki Północnej. Znajduje się w jeziorach z czystą, czystą wodą. Liście są korzeniami, złożonymi w kielichu liścia. Pomnożone przez podział na kłącza i zarodniki. Rośliny lepiej uprawiać w wilgotnej szklarni, a następnie najsilniejsze okazy przenosi się do akwarium.

Rodzina *Marsileaceae*. *Pilularia globulifera* L. jest szeroko rozpowszechnioną rośliną w wodach europejskich. Ma długi, cienki korzeń spływający po powierzchni gleby z cienkimi korzeniami z przydatków. Roślina najlepiej rozwija się w miękkiej wodzie o temperaturze 18-20°C z naturalnym światłem. Łatwo się rozmnaża, dzieląc kłącze. *Marsilea quadrifolia* L. rośnie w płytkich wodach, rowach, wzdłuż brzegów rzek i jezior. Roślina ta jest odpowiednia do akwarium zimnowodnego. Marsile jest najlepiej rozwinięty w nieogrzewanych akwariach z naturalnym światłem; liście stają się w tym przypadku większe, a ogonek krótszy. Rośnie równomiernie przez cały rok. Rozmnaża się, dzieląc pełzające kłącze, najlepiej w mokrej szklarni, a następnie przesadza do akwarium.

Rodzina Salviniaceae. Salvinia pływająca - Salvinia natans (L.) Allioni - występuje w wodach Europy, Afryki Północnej i Azji Mniejszej. Jest to powszechna bezpretensjonalna paproć unosząca się na powierzchni wody, która jest powszechna wśród akwarystów. Salvania potrzebuje dobrego górnego światła; pod względem temperatury jest bezpretensjonalna. Rośliny pobrane ze zbiorników mogą być sadzone tylko latem. W zimie umierają. Roślina rozmnaża się przez potomstwo łodygowe i zarodniki. Może być przechowywany tylko w zbiorniku zimnej wody umieszczonym w szklarni zimowej. Korzenie i podwodne liście Salvinii stanowią schronienie dla narybku i tarlisk niektórych ryb. Do akwariów ciepłowodnych bardziej odpowiednie są gatunki tropikalne - Salvinia auriculata Aublet. i Salvinia oblongifolia Martius. Wszystkie rodzaje salwiny w akwarium rosną w czystej wodzie z rozproszonym, ale jasnym światłem górnym.

Rodzina *Azollaceae*. *Azolla caroliniana* Willdenow, *A. filicculoides* Lamarck, *A. pinnata* R. Brown - gatunki tropikalne. Asolla jest paprocią, podobnie jak salvina, która nie ma korzeni i jest zastąpiona przez podwodne liście w kształcie nici. Azolla unosi się na powierzchni wody, małe liście ułożone są parami, jak płytki, na rozgałęzionej łodydze. Roślina potrzebuje dużo jasnego górnego światła, aby rosnąć. Ma on wyraźny sezonowy charakter wzrostu z okresem odpoczynku w zimie. Roślina rozmnaża się zarówno wegetatywnie, jak i zarodnikami; te ostatnie utrzymują się w błocie dennym do wiosny. Z innych paproci tropikalnych w akwariach rosną rośliny z rodziny stonogi (*Polypoddiaceae*), rogówki (*Parkeriaceae*).

Z rodziny *Potamogetonaceae* (*Potamogetonaceae*) w akwariach rośnie szereg gatunków tropikalnych - *Potamogeton* Gayi A. Bennett *(Potamogeton* Gayi A. Bennett), *Potamogeton* ośmioramienny *(P. octandrus* Poiret.), szereg dalekowschodnich *potamogetonów*. *Spośród* wielu typów tej rodziny, większość jest duża i wymagająca. To prawdopodobnie wyjaśnia fakt, że są one dość rzadkie wśród miłośników akwariów. Rozmnażać się głównie wegetatywnie, tnąc łodygę i dzieląc kłącze.

W akwariach występuje wiele roślin tropikalnych: ok. 40 gatunków z rodziny *Aponogetonaceae*, *Echinodorus z rodziny Alismataceae, ok.* 30 gatunków i ponad 20 gatunków z rodzaju grotu strzały (*Sagittaria).*

Wśród rodziny vodokras (*Hydrocharitaceae*) najbardziej znanym gatunkiem jest żabia czerwień (*Hydrocharis morsus-ranae* L.), która jest szeroko rozpowszechniona w stojących zbiornikach wodnych środkowego pasa Europy i Azji. Pływający na powierzchni wody. Rozmnaża się głównie w sposób wegetatywny - pędy. Te ostatnie rosną poziomo pod wodą, a na ich końcach powstają nowe rośliny. Nerki zimowe Vodokrasa mają błony śluzowe. W ten sposób są one przyklejone do zwierząt i ptaków i mogą być transportowane z jednego zbiornika do drugiego. Vodokras jest wrażliwy na zanieczyszczenie wody i rośnie tylko w czystej wodzie. Vodokras może być trzymany w każdym akwarium z oświetleniem górnym.

Vallisneria spiralis L. jest szeroko rozpowszechniona zarówno w wodach stojących jak i płynących na całym świecie, głównie w tropikach i subtropikalnych. W naszym kraju można ją znaleźć tylko w regionach południowych i na Dalekim Wschodzie. Wallisneria rośnie na północ od głównego obszaru tylko w stawach chłodzenia elektrowni jądrowych i cieplnych. Roślina jest interesująca ze względu na proces zapylania. Męskie kwiaty na krótkich szypułkach zbierane są w grupach w zatokach liściowych; żeńskie kwiaty na innych roślinach wyposażone są w długie szypułki i przed rozpoczęciem kwitnienia pojawiają się na powierzchni wody. W tym czasie, męskie kwiaty odrywają się od swoich pedałów, unosząc się na powierzchnię wody. Są one transportowane przez prąd lub wiatr do otwartych kwiatów kobiet i zapładniać je rozlanym pyłkiem. Po zapłodnieniu, długi pedał kwiatu kobiety skręca się spiralnie i opada na dno zbiornika, gdzie następuje dalsze dojrzewanie jajnika (Żdanow, 1973). Vallisneria jest rośliną bezpretensjonalną zarówno pod względem gleby, temperatury (15-20°C), jak i światła. W akwariach najczęściej występuje spirala *Vallisneria,* skręcony kształt - *Vallisneria spiralis* L. *f. tortifolia* Wendt, charakteryzująca się szerszymi, korkociągowatymi liśćmi. Preferuje wyższą temperaturę (18-25°C) i nie wytrzymuje soli żelaza.

Elodea canadensis Michaux **jest** szeroko rozpowszechniona we wszystkich wodach Ameryki Północnej i jest aklimatyzowana w wielu krajach. Elodea jest rośliną dwupaństwową, ale w Europie występują tylko rośliny żeńskie, dlatego rozmnaża się wegetatywnie. W przypadku rozmnażania płciowego zapylenie jest podobne do zapylenia wallisnerii. Preferuje czystą wodę, umiarkowane światło, nieostrożne w stosunku do temperatury. Latem elodeia rośnie szybko i umiera jesienią. Służą jako dobre podłoże do tarła wielu gatunków ryb. Są inne rodzaje elodeia. Na przykład, Elodea densa Plancon (*Elodea densa* Plancon) jest mniej zewnętrzna niż poprzedni gatunek, ale rozwija się przez cały rok i łatwo wytrzymuje wyższe temperatury. Jest to zatem pożądana roślina do akwarium.

Stratiotes aloides L., *aloeidowy* kuter do cięcia ciała, jest szeroko rozpowszechniony w wodach europejskich. Liście w pojemniku na korzenie, szerokie, długie i sztywne, postrzępione na krawędziach. Łodyga z krótkimi, przerażającymi ucieczkami. System korzeniowy jest słabo rozwinięty w początkowej fazie rozwoju, gdy znajduje się pod wodą. Wraz z rozwojem liści rozwija się również system korzeniowy i stopniowo roślina wypływa na powierzchnię zbiornika. Jesienne pędy telorezy nie rozwijają się w dorosłe rośliny, lecz opadają na dno, gdzie spędzają zimę. Wiosną rodzą nowe rośliny. Kosiarka do ciała jest dobra do uprawy w akwaterrarium.

Rodzina Aroids (Araceae). Najczęściej w akwariach i akwaterrariach rosną rośliny tropikalne z rodzaju Cryptocoryne (*Cryptocoryne*), których jest ponad 50 gatunków. Dystrybuowany w południowo-wschodniej Azji. Jest to piękna roślina ozdobna o szerokich liściach na długich ogonkach liściowych. Kryptokorony preferują miękką wodę i jasne oświetlenie; optymalna temperatura to 24°C.

Rośliny tolerują całkowite zaciemnienie, które jest niezbędne dla rozwoju ikry wielu gatunków ryb. Rozmnażać pędy korzeniowe.

Pistia, sałatka wodna (*Pistia stratiotes* L.) jest rozprowadzana w wodach tropikalnych regionów Afryki. Duża pływająca roślina. Jego niebieskozielone liście, pokryte włosami, zbierane są w gnieździe; system korzeniowy jest bardzo rozwinięty, ma silny system korzeniowy. Pistia wymaga jasnego światła. Optymalna temperatura wody dla niej to 22-26oC. Rozmnaża się wegetatywnie w lecie, w zimie rośnie znacznie gorzej i zazwyczaj obumiera. Udaje mu się rozmnażać z nasionami. Jeśli nie jest możliwe stworzenie optymalnych warunków dla rośliny w zimie, można ją umieścić w wilgotnej komorze i trzymać na poduszce z mchu lub torfu, a wiosną przenieść do akwarium. Dobrze rozwinięty system korzeniowy służy jako schronienie dla narybku i jako podłoże do rozmnażania.

Rodzina **łasic** (*Lemnaceae*) jest reprezentowana przez takie gatunki jak łasica *(Lemna minor* L.), łasica (L. *gibba* L.), łasica *(L. trisulca* L.), łasica *(Spirodela polyrrhiza* (L.) Schleid.), wilcza *arrhiza* (L.) Wimmer. Rośliny unoszące się na powierzchni i częściowo zanurzone w wodzie. Występują one w wodach stojących i wolno płynących. Maślanka jest bezpretensjonalna pod względem temperatury i dobrze się rozmnaża w górnym świetle. Sztuczne dodatkowe oświetlenie w akwarium zimą pozwala na utrzymanie go przez cały rok. To dobre jedzenie dla roślinożernych ryb. Gąszcze stanowią schronienie dla narybku i tarliska dla wielu ryb.

Rośliny z rodziny *Camombaceae* mają dwa rodzaje liści - podwodne pocięte na małe wąskie płatki i pływające liście liniowe. Te piękne tropikalne rośliny preferują miękką wodę; rosną jako krzew o mięsistych łodygach i drobno posiekanych liściach. Potrzebuje dobrego światła. Roślina dobrze adaptuje się do różnych warunków, szybko rośnie i aktywnie uczestniczy w obiegu substancji w akwarium. Kabomba rośnie równomiernie przez cały rok. Rośliny te są stosunkowo niewymagające, ale lubią czystą wodę. Zmętnienie osiada na liściach, co powoduje, że roślina traci swoją atrakcyjność i walory dekoracyjne. Łatwo zwielokrotnić poprzez ucięcie łodygi i kłącza. Najbardziej znane to kabomba wodna (*Cabomba aquatica* Albert.), *kabomba* australijska *(C. australis* Spegazzini), kabomba *Warmingii (C. Warmingii* Caspary.) z Ameryki Południowej, *kabomba* Gardnera *(C. piauhyensis* Gardner) z Ameryki Południowej i Indii.

Rodzina *Ceratophyllaceae* (*Ceratophyllaceae*) w akwariach reprezentowana jest przez dwa gatunki bliskie ekologii - ciemnozielone (*Ceratophyllum demersum* L.) i jasnozielone (*C. submersum* L.). Te dwa gatunki - kosmopolitów, są szeroko rozpowszechnione w zbiornikach wód stojących naszego kraju. Orlik tworzy silnie rozgałęzione łodygi, czasami wystające z wody. Liście znajdują się w zmętnieniu. Liść orła może wytrzymać każdą temperaturę, ale lubi jasne światło. Rośliny pobrane z naturalnych zbiorników wodnych najlepiej sadzić w akwarium na wiosnę. Zimą roślina, jak większość roślin średniej wielkości, obumiera, pozostawiając zimowe buds, które wiosną dają początek nowym roślinom. Liście rogacza zbierają na swojej powierzchni zawiesinę, dlatego należy je okresowo płukać słodką wodą. Warunki utrzymania dwóch rodzajów kukurydzy są podobne. Stopę orlika można łatwo pomnożyć przez podział łodygi.

Rośliny tropikalne z rodziny *Onagraceae* (**= osioł**) *(Onagraceae = Oenotheraceae*) **z różnymi rodzajami** *ludwigii są* używane do uprawy w różnych typach akwariów. Jest to jedna z najczęstszych roślin akwariowych. Jest bezpretensjonalny co do warunków, ale preferuje silne światło otoczenia i temperaturę 20-25°C.

Rodzina *Halorrhagaceae* w akwariach reprezentowana jest przez gatunki perystolatyczne (*Myriophyllum*). Wśród gatunków szeroko rozpowszechnionych w zbiornikach rosyjskich i często wykorzystywanych do uprawy w akwariach zimnowodnych można wymienić pinnacles turbid (*Myriophyllum verticillatum* L.).

Wiele gatunków roślin przybrzeżnych i wodnych jest trudnych do uprawy w małych akwariach ze względu na ich duże rozmiary i konieczność odpoczynku w zimie. Mogą być one uprawiane jako rośliny ozdobne do kształtowania krajobrazu w zbiornikach otwartych.

Rośliny ozdobne

Niektóre przybrzeżne rośliny wodne są bardzo piękne i są wykorzystywane do dekoracji zbiorników wodnych w mieście lub na działkach. Gatunki roślin wykorzystywane są do kształtowania krajobrazu akwenów wodnych, które ogrodnicy warunkowo dzielą na następujące grupy:

1. Rośliny mokre - korzenie znajdują się w wilgotnej glebie, a liście i kwiaty znajdują się nad powierzchnią ziemi.

2. Rośliny przybrzeżne - korzenie znajdują się w ziemi pod wodą, a większość pędów znajduje się w powietrzu.

3. Rośliny - generatory tlenu - sama roślina znajduje się w słupie wody, a jej kwiaty (jeśli są) znajdują się albo na powierzchni wody, albo pod wodą.

4. Rośliny unoszące się na powierzchni wody - ich korzenie znajdują się w słupie wody lub na dnie, liście i łodygi pływają w pobliżu powierzchni wody, kwiaty (jeśli występują) znajdują się na powierzchni wody lub nad nią.

5. Rośliny z korzeniami w podłożu, liśćmi na powierzchni wody, kwiatami na powierzchni lub nad wodą.

Ta ostatnia grupa obejmuje różne gatunki z rodziny dzbanków (*Nymphaeaceae*), a przede wszystkim gatunki i odmiany rodzajów dzbanków *(Nymphaea candida)*, *luteum* (*Nyphar luteum) i nimfoides peltata.* Sama liczba odmian dzbanów to kilkadziesiąt. W zależności od wielkości kwiatów i liści dzieli się je na cztery grupy: karłowate, małe, średnie i duże. Kilka gatunków i odmian jest uprawianych z kostek dla celów ozdobnych. Nie ma jednolitej klasyfikacji gatunków, nie mówiąc już o odmianach roślin nimfowych, wśród specjalistów - plantatorów.

Lilie tropikalne nie nadają się do uprawy w otwartych wodach środkowej strefy naszego kraju.

Pływające rośliny zacieniają wodę, co chroni ją przed przegrzaniem i zapobiega rozwojowi mikroalg. Rośliny umieszczone są po słonecznej stronie stojących stawów. Niektóre gatunki mogą wytrzymać lekkie zacienienie i przepływ wody.

Rośliny unoszące się na powierzchni wody rosną dość szybko i mogą pokryć powierzchnię stawu solidnym dywanem. W dużych zbiornikach wodnych trudno jest ograniczyć wzrost tych roślin. Wiele roślin z tej grupy tworzy jesienią zimujące pąki (turajony), które opadają na dno, gdzie znajdują się przed kolejnym okresem wegetacji. Najbardziej bezpretensjonalne rośliny to: vodokras (*Hydrocharis morsus-ranae*), wszystkie gatunki róż *(Lemna), polirhiza (Spirodela polyrrhiza),* niektóre gatunki orzecha wodnego *(Trapa*), teloreza (*Stratiotes aloides),* pęcherzyk (*Utricularia vulgaris*), itp.

Rośliny - natleniacze są jedną z głównych grup, których gatunki zapobiegają zanieczyszczeniu wody, służą jako pokarm i tarlisko dla wielu ryb. Podwodne części roślin pochłaniają z wody minerały i dwutlenek węgla oraz zapobiegają rozwojowi glonów. Najbardziej bezpretensjonalnymi roślinami są następujące gatunki: ciemnozielony (*Ceratophyllum demersum*), canadensis (*Elodea canadensis*), weurus (*Myriophyllum spicatum, M. verticillatum*), gatunki z rodzaju *potamogeton.*

Rośliny przybrzeżne w kompozycji z roślinami pływającymi pełnią funkcję dekoracyjną, zmiękczając granicę między wodą a brzegiem; ich kwiaty i liście w okresie wegetacji dobrze ozdabiają akwen. Istnieje wiele gatunków roślin przybrzeżnych. Najczęściej spotykane są: ayr (*Acorus*), chastocha *(Alisma),* cowslip *(Caltha),* turzyca *(Carex),* sitnik *(Juncus), irys* = irys *(Iris),* lobelia *(Lobelia),* forget-me-not *(Myosotis),* strzelec *(Sagittaria),* trzcina *(Scirpus),* zaskórnik *(Sparganium)*, rozeta (*Typha) i* inne.

Rośliny mokre (hydrobotaniści klasyfikują tę grupę roślin jako "przybrzeżne") wymagają wilgotnej, niewysychającej i bogatej w materię organiczną gleby. Jednocześnie nie mogą znieść stagnacji wody. Poniższe rośliny są najbardziej znane i najczęściej wykorzystywane do sadzenia zieleni: *Sparganium Sparganium* - volzhanka (*Aruncus*), Astilbe *(Astilbe),* wieża = szopa (*Filipendula),* strój kąpielowy (*Trollius),* grawitacja *(Geum),* lilia *(Hemerocallis)*, fucius (*Hosta),* irys *(Iris),* koralik *(Ligularia), lobelia (Lobelia),* verbeinic *(Lysimachia),* derbennik (*Lythrum),* góral *(Polygonum), pierwiosnek* = pierwiosnek (*Primula),* itd.

Bardziej szczegółowe informacje na temat specyfiki biologii roślin ozdobnych, agrotechniki upraw, sposobów rozmnażania tego lub tamtego gatunku i odmian, ochrony przed szkodnikami znajdują się w literaturze specjalistycznej (Iljuchina, 2002; Hesja, 2003).

Krótkie słownictwo terminów

Czynniki abiotyczne - czynniki środowiskowe spowodowane wpływem przyrody nieożywionej (np. temperatura, wilgotność, itp.)

Autotroficzność - (z gryki *autos* - sama i *tropenyny* - do jedzenia) metoda żywienia organizmów żywych, oparta na zdolności do syntezy substancji organicznych z nieorganicznych z wykorzystaniem energii słonecznej (fotosyntezy) lub energii uwalnianej przez reakcje chemiczne (chemosyntezy).

Adaptacja jest procesem i wynikiem dostosowania zakładów do środowiska. Rozróżnia się adaptację filogenetyczną, realizowaną poprzez zmienność, dziedziczność i selekcję naturalną lub sztuczną, oraz adaptację ontogenetyczną, obserwowaną w trakcie ontogenezy roślin.

Organizmy wiążące azot, organizmy wiążące azot - mikroorganizmy zdolne do przekształcania azotu atmosferycznego w związki chemiczne, które mogą być asymilowane przez rośliny.

Aklimatyzacja - 1. Zestaw środków mających na celu przeniesienie organizmu o znaczeniu gospodarczym do nowych siedlisk. 2. Dostosowanie wprowadzonych roślin do nowych warunków glebowo-klimatycznych.

Allelopatia to wpływ wywierany przez organizmy jednego gatunku na organizmy innych gatunków poprzez uwalnianie różnych substancji do ich wspólnego środowiska życia.

Allochora - rośliny, które rozprzestrzeniają się poprzez różne czynniki zewnętrzne: wiatr, ludzie, zwierzęta, woda, transport, itp.

Allochton - gatunek roślinny występujący na tym obszarze, ale pochodzący spoza niego - naturalizowane wprowadzenia.

Amonifikacja - proces rozkładu przez mikroorganizmy związków organicznych, któremu towarzyszy tworzenie się amoniaku, Dzięki amonifikacjom azot związków organicznych przechodzi w postać mineralną.

Anabioza (z greckiego *anabiozy* - powrót do życia) - stan organizmu, w którym procesy życiowe są tak spowolnione, że brak jest wszelkich przejawów życia. Anabioza pozwala niektórym gatunkom przetrwać bardzo niekorzystne okresy.

Organizmy beztlenowe, beztlenowe - organizmy (wiele bakterii, niektóre pierwotniaki i bezkręgowce), które mogą istnieć przy braku wolnego tlenu.

Anemofilia - zapylanie roślin przez wiatr.

Antagonista (z greckiego. *antagonisma* - spór, zapasy) - organizm, który drży i deprecjonuje funkcje życiowe organizmów innych gatunków.

Substancje antybiotyczne (z gryki *anty* - przeciwko i *bios* - życie) - substancje, które mają właściwości hamujące rozwój niektórych mikroorganizmów i zakłócają ich metabolizm. Są to, na przykład, antybiotyki, sulfonamidy i inne.

Anemochoria - rozdawanie owoców i nasion przez wiatr.

Antropofity - rośliny, które są stale spotykane w fitocenozie w wyniku nieświadomego lub celowego oddziaływania człowieka.

Antropofoby (równoznaczne z **hemerofobami**) - rośliny, które nie wytrzymują ludzkiej działalności gospodarczej.

Czynniki antropogeniczne - czynniki spowodowane wpływem człowieka i działalnością gospodarczą.

Antrophochory - rośliny, które rozprzestrzeniają się w ślad za człowiekiem i jego działalnością.

Areał (od lat - obszar, działka) - zespół terytoriów lub obszarów wodnych, zajętych przez populacje tego gatunku organizmów.

Associatio - (od późnej lat.) 1. Grupa gatunków żyjących w jednym miejscu. 2. Dwa lub więcej gatunków, które są połączone jednym lub innym związkiem. 3. Zestaw jednorodnych fitocenoz, o podobnej strukturze i składzie gatunkowym.

Asymilacja (z łac. *assimilatio* - porównanie) - przemiana substancji pochodzących ze środowiska zewnętrznego w organizm.

Autekologia (z greckiego *autos* - sama, *oikos* - dom i *logo* - nauczanie) ekologia poszczególnych gatunków zwierząt, roślin i mikroorganizmów.

Aphotic (z greckich *zdjęć* - światło i *a* - pozbawiony światła) - pozbawiony światła.

Acydofile to rośliny, które normalnie rozwijają się tylko w środowisku kwaśnym.

Organizmy tlenowe, aeroby - organizmy, które mogą istnieć w obecności wolnego tlenu (zdecydowana większość zwierząt i roślin oraz wiele mikroorganizmów).

Bentos (z *bentosu* greckiego - głębokość) - zbiór organizmów żyjących na dnie, w podłożu zbiorników lub w jego bezpośrednim sąsiedztwie. Dzieli się on na fitobentos (rośliny denne) i zoobentos (zwierzęta denne).

Bioakumulacja (akumulacja) - (z greckiego *biosu* - życie i lat. *akumulacja* - *akumulacja*) akumulacja w organizmach żywych substancji chemicznych będących zanieczyszczeniami

Biogeny, **składniki odżywcze** - (z *biosów* gryki - życie i *geny* - poród, urodzenie) - 1. Substancje chemiczne (pierwiastki) niezbędne dla życia roślin (np. węgiel, fosfor, azot itp.). 2. Substancje, które są produktami aktywności życiowej organizmów żywych. 3. Substancje powstające w wyniku rozkładu organizmów.

Biogeocenoza jest elementarną jednostką terytorialną o strukturze biosfery, jej jednorodnym obszarze obejmującym cały kompleks fauny i flory oraz warunkach jej występowania. Granice biogeocenoz wyznaczane są wzdłuż granic fitocenoz.

Bioindykator - organizm, gatunek lub zbiorowisko, na podstawie którego ocenia się zmiany w środowisku, w tym obecność zanieczyszczeń i stopień zanieczyszczenia.

Oczyszczanie biologiczne - oparte na zdolności mikroorganizmów do niszczenia (mineralizacji) substancji (zanieczyszczeń) pochodzenia organicznego zawartych w środowisku.

Fauna i flora jest zbiorem flory i fauny danego obszaru.

Czynniki biotyczne - czynniki powodowane przez wpływ jej składników życiowych, na przykład warunki istnienia poszczególnych roślin lub skojarzenia roślin, związane z działalnością życiową innych roślin i zwierząt (ciemnienie, deptanie, rozprowadzanie nasion przez zwierzęta itp.)

Biotopy - zespół czynników siedliskowych w ekosystemie lub biogeocenozie.

Biocenoza - (z greckiego *bios* - życie i *koinos* - wspólny) zbiorowisko (kompleks organizmów żywych), które jest w stanie połączenia, zajmując określone terytorium, dostosowane do środowiska i do siebie nawzajem i połączone w jedną całość, zmieniające się wraz ze zmianami warunków środowiskowych lub liczbą poszczególnych gatunków. Zasoby biocenozy są szacowane w postaci produktywności biologicznej.

Okres wegetacyjny - 1. Okres w roku, w którym wzrost i rozwój roślin jest możliwy ze względu na warunki meteorologiczne. 2. Czas potrzebny do przejścia przez pełny cykl rozwoju roślin.

Wermikultura - hodowla w niewoli robaków gnojowych w celu produkcji ich biomasy i biohumusu, produktu przetwarzania gnojowicy i innych odpadów organicznych.

Gatunek - grupa rzeczywiście lub potencjalnie krzyżujących się populacji, których organizmy nie mogą się krzyżować z żadnymi innymi organizmami, dając potomstwo zdolne do rozmnażania się.

Woda - słodka (mineralizacja poniżej 1 g/l), słonawa (mineralizacja 1-10 g/l), słona (mineralizacja 10-50 g/l); solanki (mineralizacja powyżej 50 g/l).

Spotkanie - odzwierciedla w biogeografii całkowity wynik rozmieszczenia gatunku roślin lub zwierząt oraz jego liczebność. Definiuje się ją jako odsetek miejsc pobierania próbek, w których stwierdzono ten gatunek, od całkowitej liczby miejsc w biocenozie.

Halofity są roślinami przystosowanymi do życia na glebach zasolonych, a zatem są wskaźnikami gleb zasolonych.

Gelopy (rośliny powietrzno-wodne) - rośliny ukorzeniające się, których ciało wegetatywne znajduje się zarówno w wodzie jak i nad nią. Rośliny z tej grupy zajmują płytkie wody przybrzeżne o głębokości do 1-2 m.

Herbicydy to środki chemiczne z grupy pestycydów przeznaczone do niszczenia niepożądanej roślinności (chwastów); ich stosowanie jest regulowane prawem w wielu krajach.

Heterotrofy (z greckiego *hetero* - inny i *tropikalny - do* jedzenia) - organizmy żywiące się gotowymi substancjami organicznymi pochodzenia zwierzęcego lub roślinnego, pozbawionymi barwników fotosyntetycznych.

Hygroglopy (rośliny cięte wodą) - rośliny, których typowymi siedliskami są niskie poziomy zalewu przybrzeżnego, strefa cięć wodnych i ławice przybrzeżne o głębokości do 20-40 cm.

Higrofizy - rośliny z siedlisk surowych (wilgotne i podmokłe lasy i łąki, pas nadmorski).

Hydrobionty to organizmy wodne.

Hydrobiologia to nauka o organizmach żyjących w środowisku wodnym, ich wzajemnych relacjach i warunkach życia.

Hydrobotanika jest nauką o roślinach wodnych i procesach zarastania zbiorników wodnych i dróg wodnych.

Hydrofity (rośliny prawdziwowodne) - rośliny, które wymagają stałego kontaktu ich ciała wegetatywnego ze środowiskiem wodnym dla normalnego cyklu życia.

Hipolimonia - (z greckiego - *hypo* - pod, poniżej i *limonia* - jezioro) - głęboka warstwa wody w zbiorniku, leżąca poniżej warstwy skoku temperatury; charakteryzuje się powolną wymianą wody i niewielkim spadkiem temperatury wraz z głębokością.

Humus - (z lat - ziemia, gleba) - **humus**, kompleks materii organicznej gleby, woda powstała w wyniku biochemicznego przekształcenia resztek organicznych. Humus zawiera kwasy humusowe i kwasy fulwowe. Główne składniki odżywcze roślin zawarte są w humusie.

Denitryfikacja jest procesem redukcji azotanów do azotu molekularnego przeprowadzanym przez bakterie w warunkach beztlenowych. Prowadzi to do zubożenia gleby związkami azotu.

Czynnikiem determinującym jest gatunek diagnostyczny, który wskazuje na warunki typu terenu.

Detrytus - częściowo zniszczone szczątki organiczne, w których nastąpiły już znaczące zmiany pod wpływem aktywności organizmów oraz w wyniku procesów fizycznych i chemicznych.

Destrukcja materii organicznej - mineralizacja materii organicznej z udziałem mikroorganizmów do prostych związków mineralnych - biogeny.

Gatunki dominujące są najliczniejszymi gatunkami w fitocenozie.

Woda twarda - o całkowitej zawartości jonów wapnia i magnezu przekraczającej 4 mmol/l. Rozróżnia się wody średnio twarde (4-8 mmol/l), twarde (8-12 mmol/l) i bardzo twarde (ponad 12 mmol/l).

Witalność jest miarą odporności organizmów i populacji na zakłócenia w środowisku. Kryteriami witalności mogą być: intensywność rozrodu, konkurencyjność w relacjach międzygatunkowych i wewnątrzgatunkowych, zdolność adaptacji do środowiska abiotycznego, roczna stopa wzrostu, itp.

Wegetacja płazów - rośliny, które mogą przechodzić przez cały cykl życia zarówno roślin prawdziwowodnych jak i lądowych...

Roślinność **strefowa** - zbiorowiska roślin, które najpełniej odzwierciedlają warunki strefy i nie występują w innych strefach.

Zooplankton - (z greckiego *zoon* - zwierzę i *planktos* - wędrujący) - zbiór organizmów zwierzęcych, które żyją w słupie wody i są pasywnie przenoszone przez wodę. Rozróżnia się między fito- i bakterioplanktonem.

Zoologia - rozprzestrzenianie się zarodników, nasion i owoców z udziałem zwierząt.

Szlam jest drobno rozproszonym, niezagęszczonym osadem wodnym, który tworzy się na dnie zbiorników wodnych; zawiera 30-50% cząstek o średnicy mniejszej niż 0,01 mm.

Inwazja to proces wprowadzania nowego gatunku do fitocenozy.

Wprowadzenie - 1. Udane wprowadzenie (zwykle działalność człowieka) niektórych gatunków obcych do lokalnych kompleksów przyrodniczych. 2. Celowe lub przypadkowe przeniesienie gatunku poza jego naturalny zasięg.

Calorie to jednostka ciepła. 1 kalorie to ilość ciepła potrzebna do ogrzania 1 g wody o temperaturze 15o C na jeden stopień.

Wody kwaśne - wody o pH nie przekraczającym 5,0.

Climax (z greckiego *klimax* - schody) - ostatni etap sukcesji; wspólnota we względnej zgodności i dynamicznej równowadze z otoczeniem. To zmienia się bardzo powoli.

Komensalizm - (od lat. *cum* - razem i *mensa* - tabela) - niezależne współistnienie zwierząt lub roślin bez szkody dla siebie.

Consortium - jednostka o strukturze biocenozy, która łączy roślinę autotroficzną lub jej populację z organizmami heterotroficznymi, które istnieją na jej koszt lub wykorzystują roślinę jako dom.

Materiały eksploatacyjne - organizmy, które wykorzystują do produkcji żywności ugotowane substancje organiczne.

Ksenobiotyki (z greckiego *xenos* - obcy i *bios* - życie) - substancje obce dla dzikiej przyrody, produkty, które do niedawna były nieobecne na naszej planecie.

Kserofity są roślinami, które rosną w suchych miejscach i mogą wytrzymać nieodpowiednie zaopatrzenie w wodę.

Krajobraz jest naturalnym kompleksem terytorialnym, tzn. terytorium jednorodnym pod względem kombinacji składników (np. roślinności itp.) i warunków rozwoju.

Czynnikiem ograniczającym jest czynnik, który jest w takim niedoborze lub odwrotnie, w nadmiarze, który ogranicza możliwość normalnego istnienia populacji, gatunku, wspólnoty organizmów itp.

Limnion - (z greckiego - jezioro) - strefa wolnych wód w jeziorach.

Limnologia - (od gryczanej *limony* - jezioro) - nauka badająca kontynentalne zbiorniki wodne o spowolnionej wymianie (jeziora, zbiorniki); wykorzystuje metody hydrologii, hydrobiologii hydrofizyki, geomorfologii itp.

Litoral - (od lat. *litoralis* - przybrzeżny, przybrzeżny) - ekologiczna strefa przybrzeżna zbiornika. W morzach - strefa dna morskiego, zalewana podczas przypływu i suszona podczas odpływu.

Mezoxerophytes - rośliny występujące w warunkach przejściowych od wilgotności suchej do średniej.

Mezofity są roślinami o średnio wilgotnym siedlisku.

Siedlisko - zespół warunków środowiskowych dla fitocenozy, w tym lokalizacja lub **entopie**, czyli położenie w rzeźbie terenu, oraz kompleks bezpośrednich czynników i trybów działania ośrodka.

Migranci - w szerokim znaczeniu tego słowa - wszystkie organizmy przemieszczające się z jednego obszaru do drugiego; w wąskim znaczeniu tego słowa synonimem allochtonów.

Fitocoenoza mozaikowa jest przestrzenną heterogenicznością fitocenoz wywołaną czynnikami wewnętrznymi.

Monitoring - *monitorowanie* niektórych obiektów środowiska naturalnego i ostrzeganie o ich pojawieniu się, zmianie i sytuacjach krytycznych, szkodliwych lub niebezpiecznych dla organizmów roślinnych lub zwierzęcych, obiektów naturalnych i antropogenicznych.

Mutuizm (od lat. *mutuus* - wzajemny) - rodzaj relacji między gatunkami, w których oba gatunki korzystają ze wspólnego istnienia.

Woda miękka - woda o całkowitej zawartości jonów wapnia i magnezu nieprzekraczającej 4 mmol/l.

Neuston (z greckiego *neurosystemu* - pływający) zestaw organizmów żyjących w warstwie powierzchniowej środowiska wodnego zbiornika (np. szata, robak wodny).

Nekton (z greckiego *nektosu* - pływający) - zestaw organizmów o zdolności do aktywnego poruszania się w środowisku wodnym.

Neofity to gatunki roślin, które niedawno pojawiły się na tym obszarze.

Społeczności niezrównoważone to społeczności, które podlegają szybkim zmianom i zmianom w czasie.

Nitryfikacja jest procesem przekształcania amoniaku i soli amonowych przez mikroorganizmy tlenowe w azotany. Prowadzi to do zwiększenia zawartości form azotu dostępnych dla roślin.

Odwrotne rozwarstwienie termiczne - wzrost temperatury od powierzchni do dna zbiornika (w granicach od 0 do 4oC). Zwykle obserwuje się ją zimą w wodach o umiarkowanych szerokościach geograficznych.

Oksylofity to rośliny z gleb bagiennych i kwaśnych ubogich w tlen oraz wód.

Oligotrofy to rośliny, które nie wymagają dużej ilości składników odżywczych w glebie i zbiornikach wodnych.

Jeziora oligotroficzne - jeziora z niewielką ilością składników odżywczych dla organizmów wodnych. Charakteryzuje się zazwyczaj dużą lub średnią głębokością (30-70 m i więcej), stromymi zboczami niecki jeziora, zimną i bardzo czystą wodą, dużą zawartością tlenu w głębokiej warstwie wody (na przykład jeziora Karelia, górskie jeziora Kaukazu, Ałtaju, itp.).

Ornitochora - rośliny z tratwami, nasionami i zarodnikami rozprzestrzenionymi przez ptaki.

Ochrona przyrody - zbiór międzynarodowych, państwowych, regionalnych środków administracyjnych, prawnych, technologicznych, przyrodniczo-naukowych, gospodarczych i społeczno-politycznych, mających na celu utrzymanie produktywności, zdrowia i innych zalet przyrody w interesie ludzkości.

Pasożytnictwo to rodzaj relacji między gatunkami organizmów, w których przedstawiciele jednego gatunku istnieją kosztem składników odżywczych organizmów innego gatunku.

Pelagial - (od greckiego *pelagos* - morze) - słup wody w zbiornikach jako siedlisko organizmów.

Okres wegetacji jest częścią roku, podczas którego rośliny mogą rosnąć i rozwijać się.

Plankton - zespół organizmów zamieszkujących słup wody w zbiornikach i biernie przenoszonych przez wodę.

Gęstość zaludnienia jest to stosunek liczby organizmów danego gatunku do jednostki objętości lub powierzchni zajmowanej przez nie.

Populacja - zbiór osobników tego samego gatunku, które są w interakcji ze sobą i wspólnie zamieszkują wspólny obszar, mniej lub bardziej odizolowany od obszarów zajmowanych przez inne populacje gatunku.

Maksymalne dopuszczalne stężenie (MPC) - ilość substancji szkodliwej w środowisku, która nie ma praktycznie żadnego wpływu na funkcje życiowe organizmów lub zdrowie człowieka.

Producenci - (z lat. *producentis* - produkcja, tworzenie) - organizmy autotroficzne prowadzące pierwotną syntezę substancji organicznych (producenci pierwotni).

Psammofity są roślinami z siedlisk piaszczystych.

Psychofity to rośliny o zimnych i zazwyczaj ubogich i kwaśnych glebach.

Trawy są ziołami, z wyjątkiem ziaren, osadów i roślin strączkowych.

Wahania wegetatywne - różne zmiany w fitocenozie spowodowane zmianami warunków siedliskowych w różnych latach. Charakteryzuje się brakiem ukierunkowania, odwracalnością i względną stabilnością kompozycji kwiatowej.

Zbiorowisko roślinne to połączenie roślin, które historycznie ukształtowało się na określonym obszarze. Posiada określony skład gatunkowy, strukturę i siedliska, tworzy swoje własne fitośrodowisko.

Reduktory - organizmy (głównie bakterie), które rozkładają substancje organiczne i ostatecznie tworzą minerały.

Teren rekreacyjny - przeznaczony do rekreacji.

Obciążenie rekreacyjne - intensywność oddziaływania człowieka na środowisko podczas rekreacji na łonie natury.

Ulga - kształt powierzchni. Może być dodatni (stosunkowo wysoki, wypukły) i ujemny (obniżony, wklęsły).

Samooczyszczanie się środowiska to ciągły proces biologicznego i fizyczno-chemicznego wykorzystania i neutralizacji substancji zanieczyszczających środowisko.

Sapropel to osad jeziorny, który zawiera co najmniej 15% substancji organicznej (OM). Z kolei sapropy dzieli się na organiczne (zawartość OM nie mniej niż 70%), mineralno-organiczne (zawartość OM w granicach 70-50%), organiczno-mineralne (zawartość OM w granicach 50-30%) i mineralne (zawartość OM w granicach 30-15%). Substancja organiczna sapropelu składa się z amorficznego detrytusa, który jest amorficzną, koloidalną masą całkowicie zniszczonych szczątków roślinnych i zwierzęcych oraz samych pozostałości roślin i zwierząt zachowujących strukturę komórkową lub reprezentowanych przez ich szkielety. Zawartość popiołu w sapelach waha się od 4% do 85%, ale najczęściej spotykane są sapeliny o zawartości popiołu 40-50%.

Saprofity - rośliny żerujące na materii organicznej martwych organizmów i wydalinach organizmów żywych. Odnoszą się one do heterotrofów.

Synekologia - (z *synonimu* greckiego - razem z ekologią) - dział poświęcony ekologii, poświęcony badaniom nad życiem wielogatunkowych zbiorowisk zwierząt, roślin i mikroorganizmów (biocenoz).

Stopień zarastania - czas sukcesji zbiorowisk roślinnych od początku do końca zarastania zbiornika wodnego.

Stop jest dywanem roślinnym wykonanym z roślin naczyniowych i mchu, leżącym na powierzchni wody i zazwyczaj połączonym z brzegiem.

Środowisko abiotyczne - wszystkie siły i zjawiska natury, których pochodzenie nie jest bezpośrednio związane z żywotną działalnością organizmów żywych.

Środowisko biotyczne jest siłą i zjawiskiem natury, które zawdzięcza swoje powstanie żywotnej aktywności organizmów żywych.

Stagnacja wody - zjawiska stagnacji w zbiorniku.

Stacja 1. 2) Część siedliska użytkowanego przez organizmy w ograniczonym okresie czasu (dzień, noc, sezonowość itp.) lub w ramach jednej określonej funkcji.

Stratyfikacja wody - podział słupa wody na warstwy o różnej gęstości (w zależności od temperatury, zasolenia, składu chemicznego wody). Obecność pionowego gradientu gęstości zapobiega mieszaniu się wody.

Stenotypy to typy o wąskiej amplitudzie ekologicznej.

Struktura fitocenozy to przestrzenne przenikanie się różnych elementów fitocenozy - populacji, osobników lub ich części. Rozróżnia się strukturę pionową i poziomą.

Wspólnota, społeczność biotyczna, biocenoza, związek - zbiór populacji zamieszkujących określone terytorium lub biotop. Rodzaj jednostki organizacyjnej, która posiada pewne szczególne właściwości, które nie są właściwe jej składnikom - jednostkom i populacjom - i funkcjonuje jako całość w wyniku powiązanych ze sobą przemian metabolicznych. Społeczność biotyczna jest żywą częścią ekosystemu. Termin "społeczność biotyczna" jest szeroko rozumiany i używany w odniesieniu do grup przyrodniczych.

Therofy są roślinami jednorocznymi, które zimują w fazie nasiennej.

Toksyczność (od *toksykonu* gryczanego - trucizny) - zdolność niektórych substancji chemicznych do szkodliwego (trującego) oddziaływania na rośliny, zwierzęta i ludzi. W wielu przypadkach zależy to od stężenia substancji.

Tolerancja - odporność roślin na niekorzystne czynniki środowiskowe - biotyczne lub abiotyczne. Zakres między ekologicznym minimum a ekologicznym maksimum gatunku nazywany jest granicą tolerancji.

Torf to skupisko szczątków roślinnych, które uległy niepełnemu rozkładowi w torfowiskach (lub stawach) o trudnym dostępie powietrza i dużej wilgotności. Pod względem wyglądu, różne rodzaje torfu są w jednym przypadku jednorodne pod względem składu i koloru, w innym przypadku włókniste lub bardziej plastyczne (o wysokim stopniu rozkładu). Zawiera 50-60% substancji organicznej.

Wszechobecne są gatunki roślin i zwierząt o bardzo szerokiej walorze ekologicznym, często o ogromnych powierzchniach występowania. Na przykład, zwykłe trzciny rosną od tropików po Arktykę, w zbiornikach wodnych i na lądzie, na glinie i na piaszczystym gruncie.

Odporność krajobrazu - zdolność krajobrazu do zachowania jego struktury i cech funkcjonalnych w czasie.

Czynnik antropogeniczny (synonim **czynnika antropogenicznego**) - zmiany zachodzące w przyrodzie w wyniku działalności człowieka, które wpływają na świat organiczny.

Fenologia jest nauką o sezonowych rytmach rozwoju roślin i zwierząt. Studiuje zjawiska cykliczne w rozwoju świata organicznego w zależności od pór roku i warunków pogodowych w różnych strefach klimatycznych.

Fitocoenoza jest warunkowo jednorodną częścią kontinuum wegetacyjnego.

Fitocoenoza składa się z populacji zróżnicowanych pod względem nisz ekologicznych i związanych z nimi relacji.

Flora (z greckiej *Flory* - bogini kwiatów i wiosny w mitologii greckiej) - część fauny i flory; zestaw gatunków roślin zamieszkujących pewien obszar lub typowych dla pewnego okresu geologicznego. Pojęcie "flora" nie może być mieszane z pojęciem "roślinność", ponieważ pierwsze odzwierciedla systematyczny skład roślin, a drugie - ich naturalne połączenie (grupowanie).

Fluwiofity - ekologiczna grupa roślin, której czas dojrzewania do wieloletnich aluwiów.

Formacja - jednostka klasyfikacyjna wspólnoty roślin, która łączy grupy związków o wspólnym typie - identyfikator.

Cenoza jest zbiorowością ogólnie utożsamianą z terminem "biocenoza" (fitocenoza, mikrocenoza).

Pricepopulation - zbiór osobników jednego gatunku w granicach fitocoenozy.

Wody alkaliczne to wody o pH większym niż 8,0 (z reguły są to wody węglowodorowe, w których suma ilości równoważników jonów sodu i potasu jest większa niż suma ilości równoważników jonów wapnia i magnezu).

Euribionty są organizmami o szerokiej wartości ekologicznej, które dostosowują się do różnych siedlisk.

Eurytopy to gatunki o szerokiej amplitudzie ekologicznej, składające się zazwyczaj z kilku zastępczych ekotypów.

Eutrofizacja (eutrofizacja) - proces, w którym woda jest wzbogacana o składniki odżywcze potrzebne do wzrostu roślin i zwierząt wodnych. Rezultatem jest naturalne starzenie się zbiornika lub jego nawożenie lub zanieczyszczenie, co prowadzi do zaburzeń w istniejących ekosystemach.

Jeziora eutroficzne to stawy o dużej zawartości składników odżywczych, zazwyczaj płytkie (do 10-15 m), dobrze ogrzewane latem. Przejrzystość wody jest niska, plankton i bentos są obficie rozwinięte. W zimie zawartość tlenu gwałtownie spada na dno. Latem woda zwykle "kwitnie" w związku z rozwojem fitoplanktonu.

Ecobiomorpha - zestaw cech morfologicznych, fizjologicznych i ekologicznych rośliny.

Ekologia - (z greckiego *oikos* - dom i *logo* - nauczanie) jest nauką, która bada relacje między organizmami a środowiskiem.

Walencja ekologiczna - zdolność gatunku do zamieszkiwania środowiska charakteryzującego się większymi lub mniejszymi różnicami w czynnikach ekologicznych.

Ekologiczna nisza - 1. Zestaw czynników fizycznych, chemicznych, fizjologicznych i biotycznych niezbędnych do życia organizmu o określonych cechach ekologicznych. Ten sam gatunek może zajmować różne nisze ekologiczne w różnych częściach jego zasięgu; ta sama nisza ekologiczna może być zajmowana przez różne gatunki w różnych lokalizacjach geograficznych. 2. J. Hutchinson postrzega niszę ekologiczną jako pewnego rodzaju niszę przestrzenną, w której warunki środowiskowe pozwalają na nieograniczenie długie życie osobników danego gatunku.

Ecoton - strefa przejściowa pomiędzy fitocenozami według klasyfikacji ekologicznej i florystycznej roślinności.

Odkrywcy - rośliny specjalizujące się w życiu w zaburzonych siedliskach.

Endoekogeneza jest sukcesją autogeniczną wynikającą ze zmian warunków wegetacyjnych.

Entopius - lokalizacja gminy, uwarunkowana przede wszystkim położeniem w rzeźbie terenu.

Eutrofy to rośliny o bogatej glebie.

Warstwa ta jest elementem pionowej struktury fitocenozy.

LITERATURA

Abramov V.N. O znaczeniu zarośli glonów harfowych w życiu jezior. - Botanical Journal, t. XL1V (5), 1959.

Alexandrova V.D. Plant Coverage Dynamics. - W kn.: "Field Geobotany", M.-L., t. 3, 1964.

Alakin O.A. Eutrofizacja jezior. - Zasoby wodne, nr 4, 1979.

Aleksejew W.W. Dynamiczna stabilność biogeocenoz wodnych. - Zasoby wodne, nr 3, 1973.

Alekhine V.V. Teoretyczne problemy fitocenologii i stepownictwa. - M., 1986.

Alimov A.F. Wprowadzenie do hydrobiologii produkcji. - L., Hydrometeoizdat, 1989.

Arabina I.P., Savitsky B.P., Rydny S.A. Bentos z kanałów rekultywacyjnych Polesia. - Mińsk, okręg Uradzhi, 1988.

Astapowicz I.T. Metody oznaczania fotosyntezy makrofitów w płytkich zbiornikach wodnych. - W zbiorze: "Meeting on the Methodology of Hydrobiological Investigations for Fisheries Development of Water Bodies", 1967.

Barseghyan A.M. Na temat niektórych prawidłowości rozmieszczenia roślinności mokradłowej w dolinie Ararat. - Wiadomości Akademii Nauk Armenii. SSR, v.13, 1961.

Beideman I.N. Metodologia badania fenologii roślin i zbiorowisk roślinnych. - Nowosybirsk, 1974.

Belavskaya A.P. Zmiana wyższej roślinności zbiornika Rybińskoje z powodu wahań jego poziomu w latach 1954-1955. - Postępowanie Instytutu Biologii Stawu Inlandzkiego, Borok, 1958.

Belavskaya A.P. Roślinność sekcji Penovsko-Lokhovsky zbiornika Górnej Wołgi. - Botanik. Dziennik, tom 54, nr 3, 1969.

Belavskaya A.P. Do metod badania roślinności wodnej. - Thes. doc. 1 All-Union conf. "Higher water and coastal-water plants", Borok, 1977.

Belavskaya A.P. Wodne rośliny Rosji i państw sąsiednich. - St. Petersburg, 1994.

Belavskaya A.P., Kutova T.N. Roślinność strefy tymczasowego zalewu zbiornika wodnego Rybinsk. - Tr. Inland Water Biology Installation, Borok, 1966.

Belavskaya A.P., Serafimovich N.B. Produkcja makrofitów niektórych jezior obwodu pskowskiego. - In kn. "Plant Resources", L., wydanie 3, 1973.

Belokon G.S. Florystyczny skład i cenologiczna charakterystyka roślinności kanałów na południu Ukrainy. - Kijów, 1977.

Biochino A.A. Do badania pierwotnej produkcji roślin wodnych. - Thes. doc. 1 All-Union conf. "Higher water and coastal-water plants", Borok, 1977.

Bogachev V.K. O rozwoju roślinności wodnej w zbiorniku Rybińskoje. - Stacja biologiczna Tr. "Borok", 1950.

Bogdanovskaya-Gienev I.D. W kilku podstawowych kwestiach badań nad bagnami. - Botanik. Dziennik, nr 3, 1946.

Bogdanovskaya-Gienev I.D. Materiały do nauki o jeziorach doliny rzeki Wołgi w obwodzie saratowskim. - Tr. Leningradzkie Towarzystwo Przyrodników, t. 3, t. 70, 1950.

Bogdanovskaya-Gienev I.D. Roślinność wodna ZSRR. - Botanik. Dziennik, nr 12, 1974.

Borutsky E.V. Materiały dotyczące dynamiki biomasy makrofitów w jeziorach. - Tr. VGBO, vol. 2, 1950.

V.V. Broth. Produkcja pierwotna planktonu z akwenów wód śródlądowych. - L., Science, 1983.

Booth V.I., Booth N.V. Urządzenie do zbierania fitocenoz wodnych. - Data autora. 766555 (ZSRR); Deklaracja. 13.07.78. № 2644636/28-13; Obwód BI, 1980, № 36; A 01K79/00.

Walter G. Roślinność kuli ziemskiej. - M., Progress, 1975.

Walter G. General geobotany. - M., Mir, 1982.

W.I. Wasilewicz Do metod doboru związków wegetatywnych metodami matematycznymi. - – Л., 1971.

Vasiliev N.G. Geographical Regularities of Valley Forests Spread in the Ussuri River Basin. - Władywostok, 1962.

Vaulin **G.N., Zubareva E.L.** Wallisneria w górnym zbiorniku Tagilisky - chłodnia. - Cn. "Structure and Functions of Water Biocoenoses, Their Rational Use and Protection in the Urals", Sverdlovsk, 1979.

Vereshchagin A.A. Lake Altai Territory. - Tr. Ekspedycja Ałtajskiego Towarzystwa Geograficznego. - – M., 1925.

Verigin B.V. Wyniki prac nad aklimatyzacją ryb wegetatywnych z Dalekiego Wschodu oraz działania na rzecz ich dalszego rozwoju i badań w nowych obszarach. - Pytania z ichtiologii, tom 1, tom. 4 (21), 1961.

Metody **Westlake D.F.** do określania rocznej produkcji roślin bagiennych z silnymi kłączami. - W książce "Methods of studying productivity of root systems and organisms of the rhizosphere", L., 1968.

Vekhov V.N. Biology of Zostera marina L. - M., Moskiewskie Wydawnictwo Państwowe Uniwersytetu, 1995.

Winberg G.G. Produkcja pierwotna zbiorników. - Mińsk, 1960.

Winberg G.G. General Hydrobiological Base of Sanitary and Hydrobiological Research. - W książce "Biologiczne samooczyszczanie się w kształtowaniu jakości wody", Moskwa, 1975.

Wskaźniki **roślinne Vinogradov B.V.** i ich wykorzystanie w badaniu zasobów naturalnych. - M., Science, 1964.

Vovk F.I. Excursion ilościowe urządzenia hydrobiologiczne. - W książce "Zadania organizacji badawczych w czwartym stalinowskim planie pięcioletnim w rozwoju rybołówstwa na Syberii" ("Tasks of research organizations in the fourth Stalinist five-year plan in the development of fisheries in Siberia"). - Nowosybirsk, 1948.

Volkov P.D. Volnogasniye zdolność przybrzeżnych zarośli roślinności wodnej. - Transport wodny, #10, 1957.

Vorobyev D.P. Roślinność południowej części wybrzeża Morza Ochockiego. - Tr. Dalekowschodni Oddział ZSRR Akademii Nauk, tom 2, M.-L., 1937.

Vorobiev D.P. i inni. Identyfikator roślin Primorye i regionu Amur. - M.-L., 1966.

Voronikhin N.P. Plant world of continental water bodies. - M.-L., 1953.

Voronov A.G. O niektórych dostosowaniach roślin do zmian poziomu jeziora. - Botanik. Dziennik, nr 5, 1943.

Voronov A.G. Geobotanyka. - M., Liceum, 1973.

Woroszyłow W.N. Definicja sowieckich roślin Dalekiego Wschodu. - M., 1982.

Gaevskaya N.S. O kilku nowych metodach w badaniach żywienia organizmów wodnych. - Zool. Dziennik, tom 18, wydanie 6, 1939.

Gaevskaya N.S. Trophological direction in hydrobiology, its object, some basic problems and tasks. - In book "Collection of memories of academician S.A.Zernov", M.-L., 1948.

Gaevskaya N.S. Rola wyższych roślin wodnych w żywieniu zwierząt w zbiornikach słodkich. - M., Nauka, 1966.

Galkina NV Ryaska mała jako zakład paszowy. - Uzbecki botanik. Dziennik, nr 7, 1964.

Hapeka Z.I. Flora wód przybrzeżnych i roślinność dolnego Amuru. - Cand. diss., IHLI, M., 1971.

Hapeka Z.I. Charakterystyka cenowa higrofitu - hydrofitów dolnego Amuru. - W książce "Pytania o biologię", Chabarowsk, 1974.

G.S. Gigewicz, A.L. Żuchowicz, M.P. Onoszko, W.A. Generalova Eksperymentalne badanie absorpcji biogenów przez rośliny wyższe. - Limnologia stosowana: Kolekcja artykułów naukowych. Okay. 2, Mińsk, 2000.

G.S. Gigewicz, B.P. Własow, G.W.W.W. Winajew Wyższe zakłady wodne Białorusi. - Mińsk, 2001.

W.M. Gorlenko, G.A. Dubinina, S.I. Kuzniecow Ekologia Ciał Wodnych. - M., Nauka, 1977.

Krestlery O. C. Słownik geobotaniczny. - M., Nauka, 1965.

Greig-Smith P. Ilościowa ekologia roślin. - M., 1967.

Grigoriev S. Lake Rostov County. - Nauka o Ziemi, 1903.

Gubanov I.A., Kiseleva K.V., Novikov V.S., Tikhomirov V.N. Definicja roślin naczyniowych centrum europejskiej Rosji. - M., "Argus", 1995.

Gubanov I.A., Kiseleva K.V., Novikov V.S., Tikhomirov V.N. Ilustrowany identyfikator roślin Środkowej Rosji. - M., TOM 1, 2002.

Gutelmacher B.L., Sadchikov A.P., Filippova T.G. Zooplankton spożywczy. - Wyniki nauki i techniki. VINITI. Sir. Ogólna ekologia. Biocenologia. Hydrobiologia. 6., 1988.

Dexbach N.K. Roślinność wodna i jej znaczenie w walce z konsekwencjami zanieczyszczeń przemysłowych. - Materiały 1U Scientific Conf. "Nature Protection in the Urals", Sverdlovsk, 1964.

Denisov N.E. Niektóre pytania dotyczące metodologii badań nurkowych społeczności dennych. - Oceanologia, t. 12, 1963.

Dobrokhotova K.V. Stowarzyszenia Wyższych Roślin Wodnych jako czynnik wzrostu Delty Wołgi. - Tr. Astrachański Rezerwat Państwowy, Moskwa, 1940.

Dovbnya I.V. O sezonowych zmianach w fitomasie zbiorowisk makrofitów. - Informuj. Bull. "Inland Ponds Biology", Borok, 1973.

Dovbnya I.V. Wartość roślinności hydrofilowej zbiorników wodnych Wołgi w cyklu substancji. - Tr. Instytut Biologii Wód Śródlądowych, Rybińsk, tom. 42 (45), 1979.

Duplakov SN do badania biocenozy obiektów podwodnych. - Russian Hydrobiological Journal, vol. 4, № 1-2, 1925.

Duplakov S.N. Badanie procesu powstawania w Deep Lake. - Tr. Stacja hydrobiologiczna przy Deep Lake, vol.6, ext.2, 3, 1925.

Duplakov SN do badania wzrostu stawu. - Tr. Stacja hydrobiologiczna w Deep Lake, t. v. 6, numer 5, 1930.

Duplakov S.N. Materiały do badań nad obwodami. - Tr. Stacja limnologiczna w Cosino, t. 16, 1933.

Elenewskij R.A. Pytania dotyczące badań i rozwoju terenów zalewowych. - M., 1938.

Zhigareva N.N. Nowy model gąsiora. - Biol. Wewnątrz wody. Informuj. Byk. nr 42, 1979.

Zhdanov V.S. Rośliny akwariowe. - Moskwa, Wydawnictwo "Przemysł Leśny", 1973.

Żurawlewa L.A. Wpływ wyższej roślinności wodnej na reżim hydrochemiczny zbiorników zalewowych dolnego Dniepru. - Hydrobiol. Dziennik, nr 1, 1973.

Hydrobiologia ogólna **Grain S.A.**. - M.-L., 1949.

Zerov K.K. Studium zarastania Dniepru w jego środkowym biegu. - Tr. Instytut Hydrobiologii, Wydawnictwo ZSRR Akademii Nauk, [1] 23, 1962.

Zolotnitsky NF ***Rośliny wodne do akwarium. - M., 1890.***

Ivlev V.S. Wpływ zarośli trzcinowych na biologiczny i chemiczny reżim zbiorników wodnych.

Gminy roślin **Igoshina K.N.** na aluwium Kama i Chusova. - Tr. Biol. Instytut Badawczy Uniwersytetu w Permie, Perm, 1927.

Ilyukhina V.M. 30 wspaniałych zbiorników wodnych, M., Izd vo Olma-Press, 2002.

Ipatov, V.S. Oszacowanie danych rachunku projektowego. - Botanik..,

т. 49, 1964.

Gospolitov E.I. Badanie roślinności jezior Uralskich. - Notatki z Uralskich Towarzystw Miłośników Historii Naturalnej, Jekaterynburg, 1910.

Kabanov N.M. Wyższe rośliny wodne z powodu zanieczyszczenia kontynentalnych zbiorników wodnych. - Tr. VGBO, vol. 12, 1962.

Kalugina-Gutnik A.A. Fitobentos z Morza Czarnego - Kijów, Naukova dumka, 1975.

Kaminsky V.S. Metody spowalniania i eliminowania procesu eutrofizacji. - Zasoby wodne, nr 5, 1976.

Kaminsky V.S., Gvozdeva I.E. O oczyszczaniu ścieków przez makrofity i algoflorę. - Zasoby wodne, nr 5, 1976.

Kamyshev N.S. Flora i roślinność Kamiennych Stawów Stepowych. - Byk Towarzystwa Naukowców Przyrodniczych na Uniwersytecie w Woronežu, Woronež 1961.

Kamyshev N.S. Zasady zakładania, nazewnictwa i selekcji w naturze stowarzyszeń roślinnych. - Botanik. Dziennik, nr 10, 1966.

G.S. Karzinkin. Próba praktycznego rozwiązania koncepcji "biocenozy". - Tr. Hydrobiol. Stacja głębokiego jeziora, T. 6, 2, 3, 1925.

G.S. Karzinkin. Próba praktycznego rozwiązania koncepcji "biocenozy". - Rosyjski Magazyn Zoologiczny, t. 7, wydanie 1, 2, 3, 1927.

Karzinkin G.S. do badania bakteryjnego periphytonu. -Stacja Limnologiczna w Cosino, t. 17, 1934.

Katanskaya V.M. Biomasa wyższej roślinności wodnej w jeziorach Przesmyku Karelijskiego. - Tr. Laboratorium Nauki o Jeziorach Akademii Nauk ZSRR, tom 3, 1954.

Katanskaya V.M. Metodologia badań nad wyższą roślinnością wodną. - Life of Fresh Water, ZSRR Akademia Nauk, 1960.

Katanskaya V.M. Wydajność pokrywy roślinnej niektórych jezior przesmyku karelijskiego. - Tr. Laboratorium Nauki o Jeziorach Akademii Nauk ZSRR, t. 10, 1960.

Katanskaya V.M. Najwyższa roślinność wodna kontynentalnych zbiorników wodnych ZSRR. - L., Science, 1981.

Katz N.Y. The bagna globu. - M., Nauka, 1971.

Kozhov M.M. Essays on baikal science. - Irkuck, "Wschodniosyberyjskie Wydawnictwo Książkowe", 1972.

Kozlov O.V., Sadchikov A.P. Hydrobiologia polowa bezkręgowców jeziornych - Moskwa, MAKS Press, 2002.

Kozlov O.V., Sadchikov A.P. Zadachnik o ekologii. - Moskwa, MAKS Press, 2003.

Kozłowskaja N.W. Flora Białorusi, prawidłowości jej powstawania, naukowe podstawy wykorzystania i ochrony. - Mińsk, 1978.

Kokin K.A. Wpływ zatopionej roślinności wodnej na reżim hydrochemiczny i procesy samooczyszczania się rzeki Moskwy. - Biuletyn MSU, Biologia, Gleboznawstwo, № 6, 1962.

Kokin K.A. O roli zatopionych makrofitów w samooczyszczaniu się zanieczyszczonej wody. - Tr. VGBO, v.14, 1963.

Kokin K.A. Ekologia wyższych roślin wodnych. - Moskiewski Uniwersytet Państwowy, 1982.

Kolesnikow B.P. Esej o roślinności Dalekiego Wschodu. - Khabarovsk, 1955.

Koloskov N.I. Agroklimatyczne cechy sowieckiego Dalekiego Wschodu. - Tr. Instytut Badawczy Aeroklimatologii, t. 15, 1962.

Komarov V.L. Regiony botaniczne i geograficzne Kotliny Amurskiej. - Tr. Petersburskie Towarzystwo Przyrodników, St. Petersburg, 1897.

Komarov V.L. Roślinność wybrzeży morskich półwyspu Kamczatka. - Tr. Dalekowschodni Oddział ZSRR Akademii Nauk, seria botaniczna, Moskwa, 1939.

Komarov V.L., Klobukova-Alisova E.N. Definicja roślin Terytorium Dalekiego Wschodu. - Moskwa, Wydawnictwo ZSRR Akademii Nauk, 1931.

Komissarov S.V., Sai T.N. Uzdatnianie wody za pomocą wyższej wody i roślin amfibii. - Tez. Doc. Wszechzwiązek. Symptomy. "Scientific bases for establishing MPC in the water environment and self-cleaning of water surface", M., Nauka, 1972.

Konstantinov A.S. Główna hydrobiologia. - M., Liceum, 1972.

Kopylova A.A. Dalekowschodni dziki ryż. - W książce "Nowe uprawy paszowe", Irkuck, 1954.

Kordakov A.I. Roślinność wód przybrzeżnych wtórnych osadników i zbiorników oraz jej rola w oczyszczaniu ścieków przemysłowych. - Tr. Instytut Badawczy Wzbogacania Rud Metali Nieżelaznych, Moskwa, nr 2, 1971.

Korelyakova I.L. Niektóre obserwacje dotyczące rozkładu zimującej roślinności wód przybrzeżnych zbiornika Rybinsk. - Byk. Instytut Biologii Zbiornikowej, Moskwa, 1958.

Korelyakova I.L. Roślinność zbiornika Kremenchug - Kijów, 1977.

Czerwona Księga. Dzika flora ZSRR, potrzebująca ochrony. - L., Science, 1975.

Krasovsky L.I. O biomasie podziemnych pędów trzciny w jeziorach Baraba. - Botanik. Dziennik, t. 47, № 5, 1962.

Kropachev L.N. O odkryciu Najasa w UA na obrzeżach Petersburga. - Ogród Botaniczny Izvestia St. Petersburg, № 4, 1901.

Krotkiewicz, P.G. Do kwestii wykorzystania właściwości oczyszczających wodę zwykłej trzciny. - Zasoby wodne, nr 5, 1976.

Krotkiewicz PG. Rola roślin w ochronie zbiorników wodnych. - M., "Wiedza", (Nowe w życiu, nauce i technologii, seria "Biologia") № 3, 1982.

Kudryashov M.A. Coastal-Water Communities as Indices of the Southern Far East Ponds Condition. - Tez. Doc. 1 All-Union. "Wyższe wody i przybrzeżne rośliny wodne." - Borok, 1977.

Kudryashov M.A. Przybrzeżna i wodna flora i roślinność południowej części wschodniego zbocza Sikhote-Alin. - Cand. diss., Woroneż, 1982.

Kudryashov M.A., Kuznetsov E.A. Epiphyte grzybów przybrzeżno-wodnych społeczności ujścia Mirror Primorsky Krai. - Matko. Konferencje naukowe. "Wodne ekosystemy i organizmy - 2", M., 2000.

Kudryashov M.A., Sadchikov A.P. Wprowadzenie zbiorników kontynentalnych do hydrobotaniki (aspekty hydrobiologiczne). - Moskwa, MAKS Press, 2002.

P.S. Kuzin. Klasyfikacja rzek i stref hydrologicznych ZSRR. - Л., 1960.

Kuzmichev A.I. Hydrobotany w systemie nauk o pokrywie roślinnej. Dok. na Ogólnorosyjskiej konferencji na temat roślin wodnych "Hydrobotany 2000", Borok, 2000.

A.I. Kuzmichev. Gigroficzna flora południowo-zachodniej Niziny Rosyjskiej i jej geneza, - "Gidrometeoizdat", St. Petersburg, 1992.

Kuźniecow E.A., Kudryaszow M.A. Grzyby wodne na wyższych roślinach morskich i halofitycznych południowego wybrzeża Sachalina. - Matko. Konferencje naukowe. "Aquatic ecosystems and organisms - 3", M., 2001.

Kuźniecow S.I. Mikroflora jezior i jej aktywność geochemiczna. - L., Science, 1970.

Kurentsova G.E. Vegetation of Primorsky Territory. - Władywostok, Wydawnictwo Książkowe Dalekiego Wschodu, 1968.

Kutova T.N. Charakterystyka ekologiczna roślin w strefie czasowego zalewania północnej części zbiornika wodnego Rybinsk. - Cand. diss., L., LSU, 1957.

Kutowa T.N. Geografia roślin wodnych w ZSRR. - Thes. doc. 1 All-Union conf. "Higher water and coastal-water plants", Borok, 1977.

Lapirov A.G. Podstawowe terminy i pojęcia z zakresu hydrobotaniki. - Botanik. Dziennik, t. 87, nr 2, 2002.

Lepilova G.K. Rośliny wodne i ich rola w zarastaniu jezior i tworzeniu bagien. - W książce "Jeziora Karelii", Petrozavodsk, 1930.

Lepilova G.K. Instruction for field study of higher aquatic vegetation. - L., 1934.

Lipin A.N. Świeża woda i ich życie. - M., Uchpedgiz, 1950.

Lipiny N.N. i A.N. Do metody prac hydrobiologicznych. - Tr. Lab. genesis sapropela, tom 1, 1939.

Lisitsina L.I., Papchenkov V.G., Artemenko V.I. Flora stawów nadwołżańskich. - St. Petersburg, Gidrometeoizdat, 1993.

Lisitsyna LI, Papczenkow VG Flora Stawów Rosji. - M., Nauka, 2000.

Lomakina L.V. Fitofilna mikrofauna zbiornika Saratov. - Biol. Nauka, nr 8, 1980.

Lopatin, **V.D.** Vodyanoy Risks. - L., Wydawnictwo LSU, 1951.

E.V. Lukina, I.G. Nikitina Ochrona jezior i roślinności wodnej w regionie Gorkiego. - Tr. Instytut Rolniczy Gorkiego, 1977.

E.V. Lukina, N.N. Smirnova. Fizjologia wyższych roślin wodnych. - Kijów, Naukova Dumka, 1988.

Makrushin A.V. Analiza biologiczna jakości wody. - L., ZIN Ezd, 1974 a.

Makrushin A.V. Indeks bibliograficzny na temat "Biologiczna analiza jakości wody" z dodatkiem listy organizmów-wskaźników zanieczyszczeń. - L., ZIN Ezd w 1974 r. b.

Markov M.V. Naturalne warunki rozwoju roślinności na obszarze zalewowym. - Uch. notatki Kazań Un-ta, seria Botanich, Kazań, nr 4, 1950.

Matveev V.I. Essay na temat historii badania flory i roślinności zbiorników wodnych ZSRR. - Tr. Instytut Pedagogiczny Kujbyszew, Kujbyszew, 1973.

Matveev V.I. O wpływie czynników antropogenicznych na roślinność starych jezior. - Tr. Instytut Pedagogiczny Kujbyszew, Kujbyszew, 1977.

Akwarium **M.D. Mahlina** Amura. Chabarowsk, 1990.

Menkel-Shapova T.I. Badanie wody i roślinności przybrzeżnej Jezior Kosyńskich. - Tr. Stacja biologiczna Kosinskaya, numer 2, 1930.

Merezhko A.I. Rola wyższych roślin wodnych w samoczyszczeniu zbiorników wodnych. - Hydrobiol. Dziennik, nr 4, 1973.

Metody badania biogeocenoz zbiorników wód śródlądowych. - M., Nauka, 1975.

Mirkin B.M. O kilku ciekawych zbiorowiskach roślinnych piaszczystych i żwirowych plaż w środkowym biegu rzeki Białej. - Botanik..,

т. 47, 1962.

Mirkin B.M. Dictionary of agrophytocenology and meadow science. - Kijów, "Naukova Dumka", 1991.

Morozov N.V. Biotechnologia ekologiczna: oczyszczanie wód naturalnych i ścieków przez makrofity. - Kazań, z Państwowego Uniwersytetu Pedagogicznego w Kazaniu, 2001.

Morozov N.V. Ekologiczne i biotechnologiczne sposoby tworzenia i zarządzania jakością wód powierzchniowych. - Praca doktorska, M., Moskiewski Uniwersytet Państwowy, 2003.

Muszkiet L.P. Wykorzystanie roślinności wodnej w rolnictwie. - Czelabińsk, 1960.

Łagodne E.G. Osobliwości związane z umieszczaniem trzciny na tym obszarze. - Biuletyn IPI, Wydział Biologii, t. 1, 1962.

Nelduszkin N.A. Testowanie dalekowschodniego ryżu jako rośliny paszowej obwodu irkuckiego. - Hodowla zwierząt, 1964.

Nechaev A.P., Gapeka Z.I. Efemery Inter pasma Dolnego Amuru. - Botanik. Dziennik, nr 1, 1970.

Nechayev A.P., Sapaev V.M. Feed plants muskrat in the waters of the Amur region. - Sat. "Świat roślin i zwierząt Dalekiego Wschodu", Chabarowsk, Wydawnictwo Chabarowskiego Instytutu Pedagogicznego, 1973.

Nikolsky G.V., Aliev D.S., Milanovsky Y.E. Pisces - agenci do spraw rekultywacji terenu. - M., Knowledge, 1987.

Nitsenko A.A. Krótki kurs studiów bagiennych. - M., Liceum, 1967.

A.A. Nitsenko On the Concepts of Upper, Lowland and Transition in Modern Swamp Science. - W książce "Basic principles of study of bagn biogeocenoses", L., Science, 1972.

Nomokonov L.I. Łąki zalewowe Jenisei. - M., 1959.

Odum Yu. Podstawy ekologii. - M., "The World", 1975.

Pawłenko G.E. Woda przybrzeżna i flora wodna stawów w południowym regionie Amur. - Notatki z Chabarowskiego Instytutu Pedagogicznego, Chabarowsk, 1968.

Pawłenko G.E. Flora i roślinność zbiorników wodnych w pobliżu Chabarowska. - Praca magisterska, Uniwersytet Tomski, 1972.

Papchenkov V.G. O klasyfikacji makrofitów zbiorników i roślinności wodnej. - Ekologia, nr 6, 1985.

Papchenkov V.G. O sezonowej dynamice fitomasy roślin powietrzno-wodnych. - Materiały III konf. "Roślinność wód śródlądowych i jakość ich wód", Petrozavodsk, 1992.

Papczenkow V.G. Dynamika badań hydrorobotanicznych w Rosji. - All-Russian Conf. on Water Plants "Hydrobotany-2000", Borok, 2000.

Papczenkow W.G. Mokradła i ich badania w Rosji - prok. Wszechrosyjskiej Konf. ds. roślin wodnych "Hydrobotanyka-2000", Borok, 2000.

Papchenkov V.G. Pokrycie **roślinne** zbiorników wodnych i dróg wodnych regionu Środkowej Wołgi. - Yaroslavl, CMC MUBINT, 2001.

Papchenkov V.G., Shcherbakov A.V., Lapirov A.G. Basic Hydrobotanical Concepts and Related Terms. - Ryazan, Służba, 2003.

Pachosky I.K. Podstawy fitocenologii. - Kherson, 1927.

Pashkevich V.K., Yudin B.S. Wodne rośliny i życie zwierząt. - Nowosybirsk, Nauka, SB AS ZSRR, 1978.

Pokrovskaya T.N. Ekologiczne warunki fotosyntezy hydrofitów litoralowych. - W książce: "Antropogeniczna eutrofizacja jezior", Moskwa, 1976.

Ponyatovskaya V.M. Ujęcie liczebności i specyfiki rozmieszczenia gatunków w naturalnych zbiorowiskach roślinnych. - W kn. "Field Geobotany", M.-L., 1964.

Poplavskaya G.I. Ekologia roślin. - Moskwa, nauka radziecka, 1948.

Potapov A.A. Fotosynteza roślin zanurzonych z powodu zarastania górnego biegu zbiornika Tsimlyanskoje. - Tr. VGBO, tom 2, 1956.

Potapov A.A. Wartość pokarmowa wody i roślinności przybrzeżnej zbiorników. - Biuletyn Nauk Rolniczych, nr 6, 1958.

Potapov A.A. Pierścień i gąszcz zaporowy roślin wodnych przy zbiornikach. - Natura, nr 12, 1960.

Zarastanie hydrofitów **Potapov A.A.** w płytkich zbiornikach wodnych europejskiej części ZSRR, ich znaczenie gospodarcze i sanitarno-epidemiologiczne. - Autorka pracy doktorskiej, M., AMN, 1962.

Prace T.A. Metody badania rozmnażania nasion roślin zielnych w społecznościach. - W książce "Field Geobotany", t. 2, M.-L., 1960.

Fitocenologia **T.A. Rabotnova.** - Moskiewski Uniwersytet Państwowy, 1983.

Ramensky L.G. Podstawowe prawa pokrywy wegetatywnej i ich studiowanie. - Doświadczony raport ze sprawy, Woroneż, 1925.

Ramenskiy L.G. Wprowadzenie do kompleksowych badań glebowo-geobotanicznych gruntów. - M., Selkhozgiz, 1938.

Ramensky L.G. O niektórych głównych pozycjach współczesnej geobotanii. - Botanik. Dziennik, nr 2, 1952.

Raspopov I.M. O zastosowaniu sprzętu do nurkowania przy badaniu roślinności wodnej zatok Ładogi Północnej. - W Zbiorze "Biologia stawów śródlądowych krajów bałtyckich", M.-L., z ZSRR Akademii Nauk, 1962.

Raspopov I.M. O podstawowych pojęciach i kierunkach hydrobotaniki w Związku Radzieckim. - Sukcesy współczesnej biologii, nr 3, t. 55, 1963.

Raspopov I.M. Wyższa roślinność wodna jeziora Ładoga. - Tr. Laboratorium Nauki o Jeziorach, Uniwersytet Leningradzki, № 21, 1968.

Raspopov I.M. o niektórych pojęciach hydrobotaniki. - Hydrobiol. Dziennik, vol. 14, № 3, 1978.

Raspopov I.M. Makrofity w systemie kształtowania jakości wód wewnętrznych. - Materiały z trzeciej konferencji. "Roślinność wodna śródlądowych zbiorników wodnych", Petrozavodsk, 1993.

Raspopov I.M. Najwyższa roślinność wodna dużych jezior północno-zachodniego ZSRR. - Л., 1985.

Rozanov M.P. Wykorzystanie roślinności bagienno-wodnej jako paszy dla zwierząt hodowlanych. - Achievements of Science and Best Practices in Agriculture, No 6, 1954.

Romanenko V.I. Mikrobiologiczne procesy produkcji i niszczenia substancji organicznych w wodach śródlądowych. - L., Science, 1985.

Rossolimo L.L. Antropogeniczna eutrofizacja zbiorników, jej istota i zadania badawcze. - Hydrobiol. Dziennik, nr 3, 1971.

Rutkovskaya V.A. Wstępne wyniki badań przenikania promieniowania słonecznego do słupa wody w zbiornikach i jeziorach. - W kolekcji "Primary Production of Seas and Inland Waters", Moskwa, 1961.

Rychin YV Flora z higrofitów. - M., Uchpedgiz, 1948.

Sadchikov A.P. Określenie dziennej dynamiki produkcji makrofitów. - Byk. Instytut Biologii Wody Śródlądowej, ZSRR Akademia Nauk, nr 31, 1976.

Sadchikov A.P. Metody badania fitoplanktonu słodkowodnego. - – M.,

Wydawnictwo "Uniwersytet i szkoła", 2003.

Sadchikov A.P., Kudryashov M.A. Program kursu wykładowego na temat

hydrobotanika. - Moskwa, MAKS Press, 2004.

Sambuk F.V. Szkic botaniczno-geograficzny doliny rzeki Pechora. - Tr. Muzeum botaniczne ZSRR Akademii Nauk, 22, 1930.

Sidelnik N.A. Rodzaje zarastania zbiorników wodnych w dolinie pustego Dniepru i Samary-Dniepru. - Biuletyn Instytutu Badawczego Hydrobiologii, 1948.

Sviridenko B.F. Flora i roślinność akwenów wodnych północnego Kazachstanu. - Omski Uniwersytet Pedagogiczny, Omsk, 2000.

Skworcow A.K. Herbarius. - M., Nauka, 1977.

Blinder T.D. Nowy model gąsienicy. - Hydrobiol. Dziennik..,

№ 3, 1976.

Starostin I.V. Podeptany gąsior. - Tr. Stacja hydrobiolowa Murghab. Stacja, rozładowanie. 4, 1958.

Stolyarov S.S. Uprawa pasz Dalekiego Wschodu w płytkich wodach. - Hodowla zwierząt, nr 4, 1968.

Taubayev T.T. Zwalczanie zarastania kanałów przez rośliny chwastów. - Rolnictwo Uzbekistanu, № 7, 1958.

Taubayev T.T. Cenne rośliny pastewne dla ptactwa wodnego. - Zbiorowa produkcja rolna w Uzbekistanie, nr 5, 1963.

Takhtajyan A.L. System filogenetyczny roślin kwitnących. - M.-L., Science, 1966.

Teoria i praktyka biologicznego samooczyszczania się skażonej wody. - – M., 1972.

Tolmachev A.I. Wprowadzenie do Plant Geography. - L., Wydawnictwo LSU, 1974.

Wspólnoty i ekosystemy **Whitteker R.** - M., "Postęp", 1980.

Jednolite metody badania jakości wody. - – ч. 3, M., SAV, 1976.

Fedchenko B.A. Biologia roślin wodnych. - M.-L., 1925.

Franzev A.V. O pewnych sposobach wpływania na życie w zbiornikach słodkiej wody. - Postępowanie VGBO, v.2, 1961.

Habibulina E.T. Influence of Plant Eating Fish on Hydrochemical Regime, Primary Production and Fish Productivity of Ponds. - Tr. Białoruski Instytut Badawczy Rybołówstwa, tom 10, 1974.

Hutchinson D. Limnology. - M., Progress, 1969.

Hesseyon D.G. Wszystko o alpinizmie i stawie ogrodowym. - M., Wydawnictwo Kladez-Books 2003.

K.F. Chmelew, Prawa rozwoju ekosystemów bagiennych (na przykładzie obszaru Centralnego Czarnoziemienia) - praca autorska, M., Wydawnictwo TCHA, 1980.

V.M. Chromov, A.P. Sadchikov O technice oznaczania produkcji makrofitów. - Biol. Nauka, nr 9, 1976.

Krążące Akwarium **M.B.** i Rośliny Wodne. - SPb, Gidrometeoizdat, 1991.

Chernov V.N. Charakterystyka wyższej roślinności wodnej jezior zalewowych. - Notatki naukowców z Uniwersytetu Kareliańsko-Finińskiego, ser. biolog, Petrozavodsk, 1948.

Shennikov A.P. Wprowadzenie do geobotaniki. - L., Wydawnictwo LSU, 1964.

Shennikov A.P. Ekologia roślin. - M., 1950.

Schmithyusen V.A. Ogólna geografia roślinności. - M., Progress, 1966.

Shcherbakov A.P. Wydajność przybrzeżnych zarośli makrofitów z jeziora Deep Lake. - Postępowanie VGBO, tom 2, 1950.

Shcherbakov A.V. Klasyfikacja form życia i analiza informacji o regionalnej florze zbiorników. - Bull. M.I.P. Od. Biol. T. 99, wydanie 2, 1994.

V.A. Roślinność Zalewu Wołgogradzkiego litoral w trzecim roku jego istnienia. - Tr. Institute of Inland Water Biology, tom 11, 1966.

V.A. Exertsev. Produkty roślinności wód przybrzeżnych zbiornika Iwanowskoje. - Byk. Instytut Biologii Zbiornikowej ZSRR Akademii Nauk, nr 1, 1958.

V.A. Exertsev Klasyfikacja grup roślin w strefie tymczasowego zalewania zbiornika Uglich. - Byk. Instytut Biologii Zbiornikowej ZSRR Akademii Nauk, nr 6, 1960.

Ekzertseva V.V. Wydajność gmin mannickich przy zbiorniku wodnym Iwanowskoje. - W zbiorze "Kompleksowe badania zbiorników", t. 1, 1971.

Yaroshenko P.D. Geobotanics. Podstawowe pojęcia, kierunki i metody. - M. -L., 1961.

Abdin G. Biological productivity of reservoers special reference to the Aswan reservoir (Egypt). - Hydrobiologia, tom 1, № 4, 1949.

Arber A. Rośliny wodne. - A study of aquatic angiosperms, London: 1920.

Bursche E. Wasserpflanzen. - Radebeul, 1973.

Decey J.W., Klug M.J. Ściek metanowy z osadów jeziora przez wodospady. - Sciense, vol. 203, N 4386, 1979.

Drude O. Ekologia roślin. - Brunszwik, 1913.

Gams H. Wyższa roślinność wodna. - W podręczniku biologicznych metod pracy. - Berlin, Wiedeń, 9 września 1926 r., półtora roku, 4 września 1926 r.

Gessner F. Hydrobotanic-Berlin, 1959, Band 1-2, 1955.

Hejny S. Charakterystyka okologiczna roślin wodnych i bagiennych na słowackiej nizinie. - Bratysława, 1960.

Jaccard P. Rozmieszczenie flory w strefie alpejskiej. - Nowy Phytol, 11, 1912.

Kirby J.J. Grzyby zaangażowane w rozkład *Ranunculus penicillatus* var. *calcareus* (R. W. Butcher) C.D.K. Cooke -Bull. Brytyjczyk. Mycol. Soc. -Vol.16, suppl. 1., 1981.

Lüning K. Wodorosty morskie, ich środowisko, biogeografia i ekologia. - Nowy Jork, John Wiley, 1990.

Perkins B. Stawonogi stresujące waterhyacinth. - PANS, vol. 20, N. 3, 1974.

Seidel K. Oczyszczanie wód przez rośliny wyższe. - Nauki przyrodnicze, 53. rok, H.12, 1966.

Seidel K. Instalacje wodne oczyszczają ścieki. - Offprint z Umschau w Wissenschaft und TechnicBd. 67, № 17/67, 1967.

Spencer N. Owadożerne wrogowie chwastów wodnych. - PANS, vol. 20, N 4, 1974.

Starmach K. Metody badan spodowiska stawowego. – Biul. Zakladu. Biol. stawow PAN, N 2, s. 10 – 21, 1954.

Thienemann A. Wody śródlądowe Europy Środkowej. - Bruzda limnologiczna, Die Binnengewasser, I. Stuttgart, 1925.

Westlake D.F. Niektóre podstawowe dane dotyczące inwersji produktywności wodnych makrofitów. - Mat. Ist. Ital. Idrobiol, 18, 1965.

Wetzel R.G. Podstawowa produktywność wodnych makrofitów. - Int. Verein Lymnol., Bd. 15, 1964.

Wetzel D.F. Techniki i problemy pomiarów wydajności pierwotnej w wyższych roślinach wodnych i na peryferiach. - Proceedings of the I.B.P. Symposium on Primary Productivity in Aquatic Environments Pallanza, Inaly, April, Mem. Ist. Idrobiol., tom 18, 1965.

Autor: Anatolij Pawłowicz Sadczikow - doktor nauk biologicznych, profesor Międzynarodowego Centrum Biotechnologii Moskiewskiego Uniwersytetu Państwowego im. Łomonosowa.

More
Books!
yes

FSC
www.fsc.org
MIX
Papier | Fördert
gute Waldnutzung
FSC® C083411

Kolibri 360 GmbH
Ferdinand-Jühlke-Straße 7
99095 Erfurt, Deutschland
produktsicherheit@kolibri360.de

Druck:
CPI Druckdienstleistungen GmbH
im Auftrag der
Kolibri 360 GmbH
Ferdinand-Jühlke-Str. 7
99095 Erfurt